算法设计与分析

主　编　任淑霞　陈香凝

天津大学出版社
TIANJIN UNIVERSITY PRESS

图书在版编目(CIP)数据

算法设计与分析 / 任淑霞, 陈香凝主编. -- 天津 : 天津大学出版社, 2025. 7. -- ISBN 978-7-5618-7911-5

Ⅰ. TP301.6

中国国家版本馆 CIP 数据核字第 2025NS9289 号

SUANFA SHEJI YU FENXI

出版发行	天津大学出版社
地　　址	天津市卫津路 92 号天津大学内(邮编:300072)
电　　话	发行部:022-27403647
网　　址	www.tjupress.com.cn
印　　刷	廊坊市瑞德印刷有限公司
经　　销	全国各地新华书店
开　　本	787mm×1092mm　1/16
印　　张	12.5
字　　数	312 千
版　　次	2025 年 7 月第 1 版
印　　次	2025 年 7 月第 1 次
定　　价	36.00 元

前 言

计算机科学是一种创造性思维活动，其教育必须面向设计，“计算机算法设计与分析”正是一门面向设计且处于计算机科学领域核心地位的课程。通过对算法系统的学习和研究，理解和掌握算法设计的主要方法，培养对算法的计算复杂性进行正确分析的能力，从而为独立设计算法和对给定算法进行复杂性分析奠定坚实的基础。无论是计算机系统结构和系统软件的设计，还是应用软件的研究和开发，熟练掌握算法设计都是非常重要和必不可少的。尤其从2023年人工智能进入井喷时期后，对计算机人才的算法设计能力、编码熟练度和质量以及创新能力都有了更高的要求。

为了适应人工智能时代培养各类计算机人才的需要，结合我国高等学校教育工作的现状，以培养能够跟上国际计算机科学技术发展水平的计算机人才，我们更新了教学内容和教学方法，旨在使学生在学习算法理论的同时，夯实算法设计与实现的编程实践能力和创新能力，以不断提高的高阶思维能力和软件素养来应对各种复杂的工程问题。

本书首先介绍了经典算法策略的基本思想，然后从一些实际问题入手，由简入繁地描述了经典的精巧算法，同时对每种算法进行了时间和空间分析。这样学生不仅可以学到一些常用的精巧算法，同时通过本书中实际案例以及课外习题和实验案例的反复应用，还可以牢固掌握这些精巧算法设计的基本策略。

为了达到学以致用、融会贯通的效果，本书在第2至6章均引入了近年来各互联网大厂面试的算法题目，以便让学生进一步感受到综合应用多种算法策略可以更高效地解决社会实际问题，从而提高学生的就业竞争力。

本书编写分工如下：第1至4章由任淑霞编写，第5至7章由陈香凝编写，另外孙海航、胡馨予、赖锦丽、刘旭琴等参与了部分章节程序的撰写和校审。同时，还要感谢天津大学出版社所有为本书出版付出不懈努力的工作人员。

由于作者的知识和水平有限，书稿虽几经修改，仍难免存在缺陷，热忱欢迎同行专家和广大读者批评指正，以使本书在使用过程中不断改进、日臻完善。

作 者

2025年6月

目录
Contents

目录

第1章　算法概述

教学目标:

通过本章的学习,理解算法和程序的概念以及程序和算法的区别和联系;掌握算法计算复杂性的概念和算法渐进复杂性的数学表述;掌握用 C++语言描述算法的方法。

本章要点【在学会的前面打钩】:

- ☐ 算法的概念
- ☐ 算法与数据结构
- ☐ 时间复杂度
- ☐ 空间复杂度
- ☐ 渐进性简化分析

1.1 算法的概念

“算法设计与分析”是“数据结构”和“程序设计”的后续课程。学了“数据结构”和“程序设计”之后,我们为什么还要学习算法呢?

算法学已经被公认为是计算机科学的基石,对于计算机专业的人士而言,学习算法是必需的,没有算法就没有程序;对于非计算机专业的人士而言,学习算法可以培养分析能力,因此也是非常值得学习的。算法现已逐渐渗透到我们生活的方方面面,并不断影响着学术和工程的发展。

算法是计算机科学的核心内容之一,被称为计算机的灵魂。算法作为计算机科学领域中的一个重要分支,主要研究以下两方面问题:

(1)如何分析一个给定算法的时间复杂度;

(2)如何为给定的问题设计一个算法,并使它的复杂度最低。

时间复杂度是对算法运行所用时间的度量,其显然与上述两方面问题紧密相连。由于实用价值不大,“计算机算法”课程一般较少讨论空间复杂度,即使用多少存储单元。本章主要介绍算法的时间复杂度的基本概念以及分析时需要遵循的基本原则。

1.1.1 生活中的算法

算法在实际生活中应用很广泛,例如在浏览网页时算法会根据用户喜好来推荐个性化的内容,以及企业使用算法创建模型和预测用户流失的可能性等。算法的出现,降低了科学计算的门槛。算法的运用使程序员能够更加方便地处理更多事务,同时能够加速其他技术的发展。

我们的生活中到底哪些地方使用了算法呢?实际上,生活中的算法无处不在,这些无处不在的神奇算法,不断改变着世界,改变着人类的生活。

例如,一名学生通过电视台播放的一段记者采访360公司总裁周鸿祎的视频破解了周鸿祎的手机号码;某地突发火灾,消防车如何最快赶到现场实施救援;越来越多的人使用在线支付,如何保证安全加密。上述这些情况看似很神奇,其实很简单,无非就是背后依托的各种算法。例如:

(1)傅里叶变换算法——听声音破解电话号码;

(2)Dijkstra算法——GIS系统筛选出最短路径;

(3)RSA算法——在不同平台和终端用户之间共享公钥,实现信息加密;

(4)哈希算法——网上银行支付,安全检测动作,验证数字签名合法性,最后完成在线交易。

1.1.2 算法的地位和作用

通过讨论以下四个问题,我们来体会算法的地位和作用,以便真正认识到学习算法的重要性。

问题 1:网络时代的计算机运行速度这么快,算法还重要吗?

回答:其实永远不会有太快的计算机,因为我们总会想出新的应用。虽然在摩尔定律的作用下,计算机的计算能力每年都在飞速提高,价格也在不断下降,但是我们不要忘记,需要处理的信息量是呈指数级增长的,互联网的信息流量和日志容量也是飞快增长的。在网络时代,越来越多的挑战需要依靠卓越的算法来解决。

问题 2:学习计算机就是学习各种编程语言,学习最新的语言、技术、标准就是最好的铺路方法吗?

回答:编程语言虽然该学,但是学习计算机算法和理论更重要,因为计算机语言和开发平台日新月异,但万变不离其宗的是那些算法和理论,如数据结构、算法、编译原理、计算机体系结构、关系型数据库原理等。这些基础知识好比是"内功",而新的语言、技术、标准好比是"外功",只懂得招式,没有功力,是不可能成为高手的。

问题 3:真正学懂计算机的人都只是"编程匠"吗?

回答:真正学懂计算机的人都对数学有很深的造诣,既能用科学家的严谨思维来求证,也能用工程师的务实手段来解决问题,而这种思维和手段的最佳演绎就是"算法"。

问题 4:算法只局限于计算机和网络吗?

回答:不是,在其他任何领域中,算法都可以改变人类的生活。

在**高能物理研究**方面,很多实验每秒钟就能产生几个太字节的数据。但由于处理能力和存储能力不足,科学家不得不把绝大部分未经处理的数据丢弃,而新元素的信息很有可能就藏在这些来不及处理的数据中。

在**人类基因研究**方面,有可能因为算法而发明新的医疗方式。

在**国家安全领域**方面,有效的算法可能避免下一个"9·11"的发生。

在**气象研究**方面,算法可以更好地预测未来天灾的发生,以拯救生命。

所以,如果把计算机的发展放到实际应用和数据飞速增长的大环境下,你一定会发现——算法的重要性不是在日益减弱,而是在日益增强。

结论:算法是计算机科学领域最重要的基石之一。

算法的地位和作用可以让学生真正明白学好算法的重要性。算法不仅是计算机科学领域的重要基石,而且在各个领域都能改变人类的生活,也在不断改变世界,从而坚定我们学好算法的理想信念,增强对计算机专业的热爱,培养使用算法为国家和人民服务的爱国主义情怀。

1.1.3 算法的定义

算法就是将输入转换为输出的一系列计算过程,我们可以从以下几个角度来定义算法:

(1)算法是指解决问题的一种方法或一个过程;

(2)算法是若干指令的有穷序列,其中每一条指令表示一个或多个操作;

(3)算法是求解一个问题类的没有二义性的有穷过程。

算法设计的任务是对各类具体问题设计良好的算法及研究算法设计的规律和方法。常用的算法有穷举搜索法、递归法、回溯法、贪心法、分治法等。

1.1.4 算法的性质

例如，求一个数 a 的平方根的具体步骤如下：

(1)对 x 赋初值 x_0；

(2)进行判断，如果 $|x^2-a|<\varepsilon$(ε 足够小)，则转(4)，否则转(3)；

(3)使 $x=(x+a/x)/2$，然后转(2)；

(4)输出 x。

由上述分析可知，算法具有如下性质。

(1)**输入**：有 0 个或多个外部提供的量作为算法的输入。

(2)**输出**：算法至少产生一个量作为输出。

(3)**确定性**：组成算法的每条指令是清晰、无歧义的。

(4)**有限性**：算法中每条指令的执行次数是有限的，执行每条指令的时间也是有限的。

(5)**可行性**：算法是可行的。

1.1.5 算法的描述方式

算法的描述不依赖于某一种语言，但又必须用某种语言去描述，我们把这种语言称为伪语言，而用该语言所描述的算法称为伪码，不同的人可以使用不同的伪码编写算法。伪语言可以是自然语言、数学语言、程序设计语言、流程图、表格、图示等。

伪码的例子：

```
Insertion_Sort(A)
for j ← 2 to length[A]
  do key ← A[j]
      //*将 A[j]插入排好序的序列 A[1,…,j-1]
      i ← j-1
      while i>0 and A[i]>key
         do A[i+1] ← A[i]
            i ← i-1
      A[i+1] ← key
```

上述伪码主要突显算法的设计思路，以英文为主，适当加入中文注释，忽略数据结构、变量说明、模块和异常等细节，以简洁和思路准确为原则，大大简化了描述。

1.2 算法与程序及数据结构的关系

1.2.1 算法与程序的关系

一段用某种计算机语言编写的源码，如果可以在计算机上运行并正确解决一个问题，则称为一个程序。**程序**必须严格遵守该计算机语言规定的语法（包括标点符号），并且编程时往往还必须考虑计算机的物理限制，如最大允许的整数在 64 位机和 32 位机上是不同的。**而算法则不依赖于某种语言，更不依赖于具体计算机的限制**，只要步骤和逻辑正确，一个算法可以用任何一种语言描述。当然这种语言必须清楚无误地定义每一个步骤，且能够让稍懂程序的人看懂。这样，算法设计者可以着重考虑解题方法，而免去不必要的琐碎的语法细节。所以，**算法通常不是程序**，但一定可以用任意一种语言的程序来实现。

1984 年，图灵奖获得者尼古拉斯·沃斯认为“程序”是算法用某种程序设计语言的具体实现，因此程序是由算法和数据结构组成的。

程序中的指令必须是机器可执行的，而算法中的指令则无此限制。

程序可以不满足算法的性质之一，即有限性。操作系统是一个在无限循环中执行的程序，因而不是一个算法。操作系统的各种任务可以看成是单独的问题，每一个问题由操作系统中的一个子程序通过特定的算法来实现，该子程序得到输出结果后便终止。

本小节以选择排序为例来说明算法与程序的关系。排序问题要求把输入的 n 个数字从小到大（或从大到小）排序，假定把输入的 n 个数字存放在数组 $A[1,\cdots,n]$中。

例 1-1 选择排序算法。

输入：$A[1], A[2], \cdots, A[n]$。

输出：把输入的 n 个数重排序，使 $A[1] \leqslant A[2] \leqslant \cdots \leqslant A[n]$。

```
Selection_Sort(A[1,…,n])
  for(i←1;i≤n;i++)
    key←i
      for(j←i;j≤n;j++)
        if A[j]<A[key]
          then key←j
        endif
      endfor
    A[i]↔A[key]
  endfor
end
```

例 1-1 看上去像是 C++程序，实际上并不是，它不遵守到目前为止任何一种可以在计算机上编译的语言规定的语法，但却把算法的步骤描述得很清楚。该算法含有 n 步，对应于变量 i 从 1 变到 n。第一步，它把 $A[1,\cdots, n]$中的最小数选出并放在 $A[1]$中；第二步，它把余下的 $A[2,\cdots, n]$中的最小数选出并放在 $A[2]$中；……；第 i 步，它把余下的 $A[i,\cdots, n]$中的最小数选出并放在 $A[i]$中；当 $i=n$ 时，排序完成。该算法中第 2 行到第 7 行表明其是用顺序比较的方法找到 $A[i,\cdots,n]$中最小的数所在的位置 $A[\text{key}]$，然后交换 $A[i]$和 $A[\text{key}]$，显然该算法的逻辑是正确的，但是使用伪码描述的算法不能称为程序。

1.2.2 算法与数据结构的关系

算法与数据结构是密不可分的，除极少数算法外，几乎所有算法都需要数据结构的支持，而且数据结构的优劣往往决定着算法的好坏。数据结构把输入的数据及运算过程中产生的中间数据以某种方式组织起来，以便于动态地寻找、更改、插入、删除等。

没有一种数据结构是万能的，我们应该根据问题和算法的需要选用和设计数据结构，而在讨论数据结构时也必定会讨论其适用的算法。所以，“数据结构”课程与“算法设计与分析”课程的内容往往有很多的重叠。但是，“数据结构”课程需要解释其在计算机上的具体实现，而“算法设计与分析”课程着重讨论在更为抽象的层次上解决问题的技巧及分析方法。打个比方，数据结构就好像汽车零件，如发动机、车轮、车窗、车闸、座椅、灯光、方向盘等，而算法就好像汽车的总体设计。我们假定读者熟悉常用的一些数据结构，包括数组、队列、堆栈、二叉树等，而略去对它们的介绍，还假定读者已掌握基本的编写程序的知识。

1.3 算法复杂性分析

1.3.1 算法复杂度的度量

算法分析的目的是改进算法或者在解同一类问题的众多算法中选择最优的方案，选择最优算法主要依据的是算法的良好特性，除正确性、可读性和健壮性外，最重要的特性就是效率。算法的效率有两种：一种是时间效率，指算法运行的速度；另一种是空间效率，指算法需要多少内存空间。时间效率和空间效率（低存储量）与问题规模紧密相关，因此时间效率和低存储量需求是对一个算法的复杂性进行衡量的标准。

算法的复杂性分析包括空间复杂性分析和时间复杂性分析。

1. 空间复杂性分析

程序所需的空间用来存储经过编译的程序指令，程序所需的指令空间的大小取决于以下因素：

（1）把程序编译成机器代码的编译器；

（2）编译时实际选取的编译器选项；

（3）目标计算机。

所使用的编译器不同，则产生的机器代码的长度就会有差异；有些编译器带有选项，如优化模式、覆盖模式等，所选取的选项不同，则产生的机器代码也会不同。此外，目标计算机的配置也会影响机器代码的规模。例如，如果计算机具有浮点处理硬件，那么每个浮点操作可以转化为一条机器指令；否则，必须生成仿真的浮点计算代码，这会使整个机器代码加长。一般情况下，指令空间对于所解决的特定问题不够敏感。

数据空间用来存储所有常量和变量的值，其可分为以下两部分：

（1）存储常量和简单变量；

（2）存储复合变量。

其中，前者所需的空间取决于所使用的计算机和编译器以及变量和常量的数目，这是由于我们往往是计算所需内存的字节数，而每个字节所占的数位依赖于具体的机器环境；后者包括数据结构所需的空间及动态分配的空间。结构变量所占空间等于各个成员所占空间的累加；数组变量所占空间等于数组大小乘以单个数组元素所占的空间。

环境栈空间用于保存函数调用返回时恢复运行所需要的信息。当一个函数被调用时，下列数据将被保存在环境栈中：

（1）返回地址；

（2）所有局部变量的值、递归函数的传值形式参数的值；

（3）所有引用参数以及常量引用参数的定义。

在分析空间复杂性中，实例特征的概念非常重要。所谓实例特征，是指决定问题规模的那些因素。例如，输入和输出的数量或相关数的大小、对 n 个元素进行排序、$n \times n$ 矩阵的加法等，都可以 n 作为实例特征，而两个 $m \times n$ 矩阵的加法应该以 n 和 m 两个数作为实例特征。

指令空间的大小对于所要解决的问题不够敏感。常量及简单变量所需要的数据空间也独立于所要解决的问题，除非相关数的大小对于所选定的数据类型来说实在太大，此时要么改变数据类型，要么使用多精度算法重写该程序，然后再对新程序进行分析。

复合变量及动态分配所需要的空间同样独立于问题的规模。而环境栈空间通常独立于实例特征，除非其正在使用递归函数。在使用递归函数时，实例特征通常会影响环境栈所需要的空间数量。

递归函数所需要的栈空间主要依赖于局部变量及形式参数所需要的空间。除此以外，该空间还依赖于递归的深度（即嵌套递归调用的最大层次）。

综合以上分析，一个程序所需要的空间可分为以下两部分：

（1）固定部分，独立于实例特征，主要包括指令空间、简单变量以及定长复合变量所占用的空间、常量所占用的空间；

（2）可变部分，主要包括复合变量所需的空间（依赖于所要解决的具体问题）、动态分配的空间（依赖于实例特征）、递归栈所需的空间（依赖于实例特征）。

令 $S(\mathrm{P})$表示程序 P 需要的空间，则有

$$S(\mathrm{P})=c+SP(\text{实例特征})$$

其中，c 表示固定部分所需的空间，是一个常数；SP 表示可变部分所需的空间。

在分析程序的空间复杂性时，一般着重估算 SP(实例特征)。实例特征的选择一般受到相关数据的数量以及程序输入和输出规模的制约。

注意：一个精确的分析还应当包括编译期间所产生的临时变量所需的空间，这种空间与编译器直接相关，在递归程序中除依赖于递归函数外，还依赖于实例特征。但是，在考虑空间复杂性时，一般都被忽略。

2. 时间复杂性分析

1）时间复杂性的构成

$$\text{一个程序所需的时间 } T(\mathrm{P})=\text{编译时间}+\text{运行时间}$$

其中，编译时间与实例特征无关，而且一般情况下，一个编译过的程序可以运行若干次，所以人们主要关注运行时间，并将运行时间记作 t_{P}(实例特征)。

如果了解所用编译器的特征，就可以确定程序 P 进行加、减、乘、除、比较、读、写等所需的时间，从而得到计算 t_p 的公式。

令 n 表示问题的规模，则有如下表达式：

$$t_p(n)=c_a\times ADD(n)+c_s\times SUB(n)+c_m\times MUL(n)+c_d\times DIV(n)+c_c\times CMP(n)+\cdots$$

其中，c_a, c_s, c_m, c_d, c_c 分别表示一次加、减、乘、除及比较操作所需的时间；函数 *ADD*，*SUB*，*MUL*，*DIV*，*CMP* 分别表示程序 P 中所使用的加、减、乘、除及比较操作的次数。

在构思一个程序时，影响 t_p 的许多因素是未知的，所以在多数情况下仅对 t_p 进行估算。估算运行时间的方法如下：

（1）找一个或多个关键操作，确定这些关键操作所需的执行时间（对于前面所列举的四种算术运算及比较操作，一般被看作基本操作，并约定所需的时间都是一个时间单位）；

（2）确定程序总的执行步数。

2）操作计数

首先选择一种或多种操作（如加、乘和比较等），然后计算这些操作分别执行了多少次，其中关键操作对时间复杂性影响最大。下面给出几个实例。

例 1-2　寻找最大元素算法。

```
template<class T>
int Max(T a[], int n)
{//寻找 a[0:n-1]中的最大元素
    int pos=0;
      for (int i=1; i<n; i++)
        if (a[pos]<a[i])
          pos=i;
    return pos;
}
```

例 1-2 中的关键操作是比较。其中，for 循环中共进行了 n-1 次比较，Max 还执行了其他比较，如 for 循环每次比较之前都要比较一下 i 和 n。此外，Max 还进行了其他操作，如初始化 *pos*、循环控制变量 i 的增量，这些一般都不包含在估算中，若纳入计数，则操作计数将增加一个常量。

下面考虑冒泡排序（bubble sort）。冒泡排序是从左向右逐个检查，对相邻的元素进行比较，若左边的元素比右边的元素大，则交换这两个元素。例如，对数组[5，3，7，4，11，2]，比较 5 和 3，交换；比较 5 和 7，不交换；比较 7 和 4，交换；比较 7 和 11，不交换；比较 11 和 2，交换。以上行程称为一次冒泡，经过一次冒泡后，原数组变为[3，5，4，7，2，11]。可见，数组中最大的数被移动到最右边的位置，下一次冒泡只对数组[3，5，4，7，2]进行即可。如此进行下去，最后将原数组按递增的顺序排列。

例 1-3　一次冒泡排序算法。

```
template<class T>
void Bubble(T a[], int n)
{
    for(int i=0; i<n; i++)
        if(a[i]>a[i+1])
            Swap(a[i],a[i+1]);
}
```

例 1-4 冒泡排序算法。

```
BubbleSort(T a[] ,int n)
{
     for(i=n;i>1;i--)
       Bubble(a, i);
}
```

在例 1-3 中，每一次 for 循环都执行一次比较和三次元素移动，因而总的操作数为 $4n$。在例 1-4 中，对于每个 i，调用函数 Bubble(a, i)需要执行 $4i$ 次操作，因而总的操作数为 $2n(n-1)$，这里我们依旧忽略非主要操作。

分析例 1-3 发现，在问题实例中，如果数组本身是严格递增的，则每一次冒泡都不需要交换数据；而如果数组本身是严格递减的，则第一次冒泡要交换数据 $n-1$ 次。这里我们都取数组元素个数为实例特征，但操作数却是不同的。因而，人们往往还会关心输入是最好的、最坏的和平均的三种情况下操作数各是多少。

（1）最坏情况下的时间复杂性：

$$T_{\max}(n) = \max\{ T(I) \mid size(I)=n \}$$

（2）最好情况下的时间复杂性：

$$T_{\min}(n) = \min\{ T(I) \mid size(I)=n \}$$

（3）平均情况下的时间复杂性：

$$T_{\text{avg}}(n) = \sum_{size(I)=n} p(I)T(I)$$

其中，I 表示问题的规模为 n 的实例；$p(I)$表示实例 I 出现的概率。

下面使用顺序搜索算法求解输入实例在最坏、最好和平均情况下的操作数。

例 1-5 顺序搜索算法。

```
template<class Type>
int seqSearch(Type *a, int n, int x)
{
     for(int i=0;i<n;i++)
        if (a[i]= =x) return i;
     return -1;
}
```

在平均情况下，假设：

（1）搜索成功的概率为 p（$0 \leqslant p \leqslant 1$）；

（2）在数组的每个位置 i（$0 \leqslant i < n$）搜索成功的概率相同，均为 p/n。

最坏和最好情况很容易求出，关键操作比较的次数分别是 $T_{max}(n)=n$，$T_{min}(n)=1$；而平均情况的操作数求解稍复杂一些，有

$$
\begin{aligned}
T_{avg}(n) &= \sum_{size(I)=n} p(I)T(I) \\
&= \frac{p}{n}\sum_{i=1}^{n} i + n(1-p) = \frac{p(n+1)}{2} + n(1-p) \\
&= \left(1\cdot\frac{p}{n} + 2\cdot\frac{p}{n} + 3\cdot\frac{p}{n} + \cdots + n\cdot\frac{p}{n}\right) + n(1-p)
\end{aligned}
$$

在前面的例子中，一般我们计算的都是程序的输入实例在最坏情况下的操作数，如在冒泡程序 Bubble 中即是如此。在顺序搜索 SequentialSearch(*T a*[], const *T*& *x*, int *n*)中，取 n 作为实例特征，关键操作是比较。此时，比较的次数并不是由 n 唯一确定的。若 $n=100$，$x=a[0]$，那么仅需要执行 1 次比较；若 x 不是 a 中的元素，则需要执行 100 次比较。当 x 是 a 中的一个元素时称为成功查找，否则称为不成功查找。每当进行一次不成功的查找，就需要执行 n 次比较。对于成功的查找，最好的比较次数为 1 次，最坏的比较次数为 n 次。若假定每个实例出现的概率都是相同的，则成功查找的平均比较次数为 $(n+1)/2$。

3）执行步数

利用操作数方法估计程序的时间复杂性主要是计算“关键操作”次数，忽略关键操作之外其他操作的时间开销。与操作数方法不同，统计执行步数（step-count）的方法则要统计程序函数中所有部分的时间开销。执行步数也是实例特征的函数，通常做法是选择一些感兴趣的实例特征。通过把执行步数仅看作输入数据的个数的函数来计算程序的运行时间是如何随输入数据的个数增加而增加的。所谓程序步，是指一个语法或语意上的程序片段，该片段的执行时间独立于实例特征。例如，语句 return $a+b+b\times c+(a+b+c)/(a+b)+4$ 和 $x=y$ 都可以作为程序步。常用的统计程序执行步数的方法是做执行步数统计表，见表 1-1。

表 1-1　矩阵加法程序执行步数统计表

语　　句	s/e	频率	总步数
Void Addm(T**a,•••)	0	0	0
{	0	0	0
for(int i=0; i<rows; i++)	1	$rows+1$	$rows+1$
for(int j=0; j<cols; j++)	1	$rows\times(cols+1)$	$rows\times cols+rows$
c[i][j]=a[i][j]+b[i][j];	1	$rows\times cols$	$rows\times cols$
}	0	0	0
总　　计	$2\times rows\times cols+2\times rows+1$		

注：s/e 表示每执行该语句所要执行的步数，频率是指该语句总的执行数。

1.3.2 算法分析的基本法则

对于一些复杂问题的求解，常采用递归算法。递归算法是通过把一个复杂问题转化为一个规模较小的同类问题，并反复进行这种转化，直到输入规模小到可以直接求解为止。递归算法的时间复杂性分析需要对递归方程进行求解。对于较简单的递推公式，通常采用迭代法，即把递推公式展开，直到其中除系数和常数外，出现的都是初始值为止。对于复杂的递推公式，采用直接展开的方法求解可能会比较困难，需要使用常系数线性（非）齐次递归方程的特征方程进行求解。

对于非递归算法，可以利用以下规则计算时间复杂度：

（1）对于 for/while 循环，时间复杂度为循环体内计算时间 × 循环次数；

（2）对于嵌套循环，时间复杂度为循环体内计算时间 × 所有循环次数；

（3）对于顺序语句，时间复杂度为各语句计算时间之和；

（4）对于 if-else 语句，时间复杂度为 if 语句计算时间和 else 语句计算时间的较大者。

例 1-6 插入排序算法。

```
template<class Type>
void insertion_sort(Type *a, int n)
{
  Type key;                          //   s/e    频率      总步数
  for (int i = 1; i < n; i++)        //   1      n         n
    {
      key=a[i];                      //   1      n-1       n-1
      int j=i-1;                     //   1      n-1       n-1
      while( j>=0 && a[j]>key )      //   1      t_i       sum of t_i
       {
         a[j+1]=a[j];                //   1      t_i-1     sum of (t_i-1)
         j--;                             1      t_i-1     sum of (t_i-1)
       }
      a[j+1]=key;                    //   1      n-1       n-1
    }
}
```

其中，t_i 为当 for 循环值为 i 时，while 循环执行的次数，实例特征为 n，则程序的总执行步数为 $4n-3+\sum_{i=1}^{n-1}(3t_i-2)$，时间复杂度为

$$T(n)=c_1n+c_2(n-1)+c_3(n-1)+c_4\sum_{i=1}^{n-1}t_i+c_5\sum_{i=1}^{n-1}(t_i-1)+c_6\sum_{i=1}^{n-1}(t_i-1)+c_7(n-1)$$

其中，c_i 为每个程序步执行一次所需的时间，假设 c_i 取值都为一个时间单位，则有以下计算。

（1）在最好情况下，$t_i=1$，$1\le i<n$：

$$T_{\min}(n)=c_1n+c_2(n-1)+c_3(n-1)+c_4(n-1)+c_7(n-1)$$
$$=(c_1+c_2+c_3+c_4+c_7)n-(c_2+c_3+c_4+c_7)=O(n)$$

（2）在最坏情况下，$t_i \leqslant i+1$，$1 \leqslant i<n$：

$$T_{\max}(n)\leqslant c_1n+c_2(n-1)+c_3(n-1)+$$
$$c_4\left[\frac{n(n+1)}{2}-1\right]+c_5\left[\frac{n(n-1)}{2}\right]+c_6\left[\frac{n(n-1)}{2}\right]+c_7(n-1)$$
$$=\frac{c_4+c_5+c_6}{2}n^2+\left(c_1+c_2+c_3+\frac{c_4-c_5-c_6}{2}+c_7\right)n-(c_2+c_3+c_4+c_7)$$
$$=O(n^2)$$

常用排序方法复杂度的比较见表 1-2。

表 1-2　常用排序方法复杂度的比较

排序方法	最坏时间复杂度	平均时间复杂度	稳定度	空间复杂度
冒泡排序	$O(n^2)$	$O(n^2)$	稳定	$O(1)$
快速排序	$O(n^2)$	$O(n \times \log_2 n)$	不稳定	$O(\log_2 n)$~$O(n)$
选择排序	$O(n^2)$	$O(n^2)$	稳定	$O(1)$
二叉树排序	$O(n^2)$	$O(n \times \log_2 n)$	不稳定	$O(n)$
插入排序	$O(n^2)$	$O(n^2)$	稳定	$O(1)$
堆排序	$O(n \times \log_2 n)$	$O(n \times \log_2 n)$	不稳定	$O(1)$
希尔排序	O	O	不稳定	$O(1)$
合并排序	$O(n \times \log_2 n)$	$O(n \times \log_2 n)$	稳定	$O(n)$

常见时间复杂度函数之间的比较，如图 1-1 所示。

效率递减

操作数量示例	O 表示法	术语
15	$O(1)$	常数阶
$3\log_2 n$	$O(\log_2 n)$	对数阶
$3n+5$	$O(n)$	线性阶
$3n \times \log_2 n+4n+2$	$O(n \times \log_2 n)$	$n\log_2 n$ 阶
$5n^2+3n+1$	$O(n^2)$	平方阶
$6n^3+2n^2+n+1$	$O(n^3)$	立方阶
2^n+1	$O(2^n)$	指数阶
$n!+3$	$O(n!)$	阶乘阶

图 1-1　常见时间复杂度函数之间的比较

1.4 渐进性简化分析

由前面的讨论可知,算法复杂度的优劣取决于在输入规模 n 趋于无穷大时,其增长速度的快慢,即所谓的阶。本节我们介绍评估和比较两个复杂度函数随 n 增大时渐近性优劣的常用方法和记号,以及常见的一些复杂度函数。

1.4.1 三种比较关系及 O、Ω、θ 记号

在比较两个复杂度函数时一般有三种情况,即等阶、高阶、低阶。然而,采用更多的三种关系是"不高于""不低于"和"等阶于",分别用记号 O(读作大 oh),Ω(读作大 omega)和 θ(读作大 theta)表示,下面逐一讨论。

定义 1-1 设 $f(n)$和 $g(n)$是两个定义域为自然数的正函数(即值域为正实数的函数),如果存在一个常数 $c>0$ 和某个自然数 n_0 使得对任一 $n \geqslant n_0$,都有关系 $f(n) \leqslant cg(n)$ 成立,则称 $f(n)$的阶不高于 $g(n)$的阶,并记作 $f(n)=O(g(n))$。

例 1-7 证明 $n^3+2n+5=O(n^3)$。

证明 因为当 $n \geqslant 1$ 时,有 $n^3+2n+5 \leqslant n^3+2n^3+5n^3=8n^3$,所以 $n^3+2n+5=O(n^3)$。(取 $c=8, n_0=1$)

定义 1-2 设 $f(n)$和 $g(n)$是两个定义域为自然数的正函数,如果存在一个常数 $c>0$ 和某个自然数 n_0 使得对任一 $n \geqslant n_0$,都有关系 $f(n) \geqslant cg(n)$ 成立,则称 $f(n)$的阶不低于 $g(n)$的阶,并记作 $f(n)=\Omega(g(n))$。

例 1-8 证明 $n^2=\Omega(n\lg n)$。(注意,在计算机科学领域,$\log n$ 的底数默认为 2,$\lg n$ 的底数默认为 10。)

证明 因为当 $n \geqslant 1$ 时,有 $n > \lg n$,所以 $n^2=\Omega(n\lg n)$。(取 $c=1, n_0=1$)

定义 1-3 设 $f(n)$和 $g(n)$是两个定义域为自然数的正函数,如果关系 $f(n)=O(g(n))$和 $f(n)=\Omega(g(n))$ 同时成立,则称 $f(n)$与 $g(n)$同阶,并记作 $f(n)=\theta(g(n))$。

例 1-9 证明 $n^3+2n+5=\theta(n^3)$。

证明 因为例 1-7 已经证明 $n^3+2n+5=O(n^3)$,只需证明 $n^3+2n+5=\Omega(n^3)$。当 $n \geqslant 1$ 时,$n^3+2n+5>n^3$,所以

$$n^3+2n+5=\Omega(n^3)$$

则

$$n^3+2n+5=\theta(n^3)$$

1.4.2 表示算法复杂度的常用函数

多项式函数是用于表示算法复杂度的最常见的函数之一。容易证明,任一多项式函数与其首项同阶,如定理 1-1。

定理 1-1 假设 $p(n)=a_k n^k+a_{k-1}n^{k-1}+a_{k-2}n^{k-2}+\cdots+a_1 n+a_0$ 是一个变量为自然数 n 的多

项式，其中系数 $a_k > 0$，那么 $p(n)=\theta(n^k)$。

证明 首先，证明 $p(n)=O(n^k)$。有以下演算：

$$\begin{aligned}p(n)&=a_k n^k + a_{k-1}n^{k-1} + a_{k-2}n^{k-2} + \cdots + a_1 n + a_0\\&\leqslant a_k n^k + |a_{k-1}|n^{k-1} + |a_{k-2}|n^{k-2} + \cdots + |a_1|n + |a_0|\\&\leqslant a_k n^k + |a_{k-1}|n^k + |a_{k-2}|n^k + \cdots + |a_1|n^k + |a_0|n^k\\&\leqslant (a_k + |a_{k-1}| + |a_{k-2}| + \cdots + |a_1| + |a_0|)n^k\\&= Cn^k\end{aligned}$$

其中，$C=a_k+|a_{k-1}|+|a_{k-2}|+\cdots+|a_1|+|a_0|$，是一个大于零的常数，因此 $p(n)=O(n^k)$。

其次，证明 $p(n)=\Omega(n^k)$。有以下演算：

$$\begin{aligned}p(n)&=a_k n^k + a_{k-1}n^{k-1} + a_{k-2}n^{k-2} + \cdots + a_1 n + a_0\\&\geqslant a_k n^k - |a_{k-1}|n^{k-1} - |a_{k-2}|n^{k-2} - \cdots - |a_1|n - |a_0|\\&\geqslant a_k n^k - |a_{k-1}|n^{k-1} - |a_{k-2}|n^{k-1} - \cdots - |a_1|n^{k-1} - |a_0|n^{k-1}\\&\geqslant a_k n^k - (|a_{k-1}| + |a_{k-2}| + \cdots + |a_1| + |a_0|)n^{k-1}\\&= a_k n^k - Dn^{k-1}\end{aligned}$$

其中，$D=|a_{k-1}|+|a_{k-2}|+\cdots+|a_1|+|a_0|$，是一个非负常数。因此，有

$$p(n) \geqslant a_k n^k - Dn^{k-1} = a_k n^k\left(1-\frac{D}{a_k}\frac{1}{n}\right)$$

当 $n \geqslant [2D/a_k]$ 时，有

$$p(n) \geqslant a_k n^k\left(1-\frac{D}{a_k}\frac{1}{n}\right) \geqslant \frac{1}{2}a_k n^k$$

所以，$p(n)=\Omega(n^k)$。（取 $c=\frac{1}{2}a_k, n_0=[2D/a_k]$）

这也就证明了 $p(n)=\theta(n^k)$。

如果一个算法的复杂度是 $\theta(n^k)$，其中 k 是一个正整数，称该复杂度为 k 阶多项式。选择排序的复杂度就是 2 阶多项式 $\theta(n^2)$。当 $k=1$ 时，则称之为线性复杂度。常见的还有函数是以 $\lg n$ 或 $\lg\lg n$ 为变量的多项式，如 $(\lg n)^2$、$(\lg\lg n)^3$ 等。有很多复杂度是以这两种常见函数为因子的函数，如 $n^2(\lg n)^3(\lg\lg n)$ 等。

如果一个函数在变量 n 趋于无穷时比任何一个多项式高阶，则称之为超多项式（super polynomial），如指数函数 2^n、阶乘函数 $n!$ 以及 n^n 等。这些函数增长极快，以至于任何多项式与之相比都以零为极限。

例 1-10 证明对任意正整数 k，$\lim\limits_{n\to+\infty}\frac{n^k}{2^n}=0$。

证明 由微积分中的洛必达法则，可得

$$\lim_{n\to+\infty}=\frac{n^k}{2^n}=\lim_{n\to+\infty}\frac{kn^{k-1}}{2^n\ln 2}=\lim_{n\to+\infty}\frac{k(k-1)n^{k-2}}{2^n(\ln 2)(\ln 2)}=\lim_{n\to+\infty}\frac{k!}{2^n(\ln 2)^k}=0$$

由上可知，如果一个算法的复杂度是指数函数，由于其增长得太快而导致该算法基本上是无法应用的。下面再用例 1-11 和例 1-12 来加以说明。

例 1-11 据说俄国的一个沙皇与当时俄国的一个象棋大师下棋输了，他问这个大师希望得到什么奖赏。这位大师说，棋盘有 $8\times8=64$ 个格子，希望从第一个格子得到一粒米开始，每数到下一个格子，得到的米粒数加倍。这就是说，他要得到的米粒总数为 $1+2+4+\cdots+2^{63}=2^{64}-1$。这个数字有多大呢？$2^{64}-1=16\times(2^{10})^6-1>16\times1\,000^6=16\times10^{18}$。普通大米，50 g 大约有 2 500 粒，也就是说，1 t 大米有 5 000 万粒。所以，这位象棋大师要的米大约是 $16\times\dfrac{10^{18}}{5\times10^7}>3\times10^{11}$ t，也就是大约 3 000 亿吨。以每人每年吃 500 kg 大米计算，这些大米可供全世界 60 亿人吃 100 年。这远远超过了当时俄国一年的粮食收成。如果某算法需要 2^n 次运算，则当 n=64 时，一台超级计算机（以每秒运算 1 万亿次计）也需要 16×10^6 秒，即 185 天之多。

例 1-12 证明对任意小正整数 $\varepsilon>0$，$\lim\limits_{n\to+\infty}\dfrac{\lg n}{n^{\varepsilon}}=0$。

证明 由微积分中的洛必达法则，有

$$\lim_{n\to+\infty}\frac{\lg n}{n^{\varepsilon}}=\lim_{n\to+\infty}\frac{\ln n}{(\ln 2)n^{\varepsilon}}=\frac{1}{\ln 2}\lim_{n\to+\infty}\frac{1/n}{\varepsilon n^{\varepsilon-1}}=\frac{1}{\ln 2}\lim_{n\to+\infty}\frac{1}{\varepsilon n^{\varepsilon}}=0$$

例 1-12 说明，对数函数的阶比任一多项式函数或幂函数的阶要低。实际上，对任何正整数 k 和任意小正数 $\varepsilon>0$，都有 $(\lg n)^k=O(n^{\varepsilon})$。我们当然希望算法复杂度 $T(n)$ 越小越好，最好是常数(constant)，记为 $T(n)=O(1)$。在常数和对数之间还有其他一些函数，如 $\log 16=4$，因为 $\log\log\log 16=1$。

常见的基本渐进效率总结见表 1-3。

表 1-3 常见的基本渐进效率总结

类型	名称	注释
1	常量	为数很少的效率最高的算法，很难举出几个合适的例子，因为在典型情况下，当输入的规模变得无穷大时，算法的运行时间也会趋于无穷大
$\log n$	对数	一般来说，算法的每一次循环都会消去问题规模的一个常数因子。注意，一个对数算法不可能关注它的输入的每一个部分（哪怕是输入的一个固定部分），任何能做到这一点的算法最起码拥有线性运行时间
n	线性	扫描规模为 n 的列表（如顺序查找）的算法属于该类型
$n\log n$	线性对数	许多分治算法，包括合并排序和快速排序的平均效率，都属于该类型
n^2	平方	一般来说，这是包含两重嵌套循环的算法的典型效率，基本排序算法和 n 阶方阵的某些特定操作都是标准的该类型的例子
n^3	立方	一般来说，这是包含三重嵌套循环的算法的典型效率，线性代数中的一些著名的算法属于该类型
2^n	指数	求 n 个元素集合的所有子集的算法是该类型的典型例子。“指数”这个术语常常被用在更广的层面上，不仅包括该类型，还包括那些增长速度更快的类型
$n!$	阶乘	求 n 个元素集合的完全排列的算法是该类型的典型例子

本章小结

本章主要介绍了算法的概念，算法与程序和数据结构之间的关系；针对算法的复杂度分析，主要介绍了时间复杂性、空间复杂性与渐进性简化分析，并给出了示例分析，以便更好地学习算法分析，为后续的章节奠定基础。

习题

1. 求下列函数的渐进表达式：$3n^2+10n$；$n^2/10+2^n$；$21+1/n$；$\log n^3$；$10\log 3^n$。

2. 讨论 $O(1)$ 和 $O(2)$ 的区别。

3. 按照渐进阶从低到高的顺序排列下列表达式：$4n^2$，$\log n$，3^n，$20n$， 2，$n^{2/3}$。$n!$应该排在哪儿？

4. 对于下列各组函数 $f(n)$和 $g(n)$，确定 $f(n)=O(g(n))$或 $f(n)=\Omega(g(n))$ 或 $f(n)=\theta(g(n))$，并简述理由。

（1）$f(n)=\log n^2, g(n)=\log n+5$；

（2）$f(n)=\log n^2, g(n)=\sqrt{n}$；

（3）$f(n)=n\log n+n,\ g(n)=\log n$。

（4）$f(n)=10g(n)=\log 10$；

（5）$f(n)=2^n g(n)=100n^2$；

5. 下面的算法段用于确定 n 的初始值，试分析该算法段所需计算时间的上界和下界。

```
while(n>1)
    if(code(n))
       n=3*n+1;
    else
       n=n/2;
```

第 2 章　分治策略

教学目标：

通过本章的学习，了解分治法的基本要素；掌握分治策略的基本思想；掌握使用分治策略解决一些经典问题的基本步骤和技巧。通过讲授几个经典分治策略案例，使学生深刻理解分治思想利用递归技术解决实际问题的方法和过程。

本章要点【在学会的前面打钩】：

- □ 递归的概念
- □ 分治策略的基本思想
- □ 能够使用分治策略解决的问题具有的特征
- □ 分治策略的基本解题步骤和复杂度分析
- □ 通过范例学习分治策略的设计技巧
- □ 使用分治策略解决一些经典问题

2.1 分治原理

2.1.1 分治起源

当人们要解决一个输入规模 n 很大的问题时,往往会想到将该问题分解。如将这 n 个输入分成 k 个不同的子集,若能得到 k 个不同的可独立求解的子问题,而且在求出这些子问题的解之后,还可以找到适当的方法把它们的解合并成整个问题的解,那么复杂的难以解决的问题就可以得到解决。这种将整个问题分解成若干个子问题来处理的方法称为分治法。

2.1.2 分治与递归

一般来说,被分解出来的子问题应与原问题具有相同的类型,这样便于采用递归算法。如果得到的子问题相对来说还较大,则继续使用分治法,直到得到不用再分解就可以求解的子问题为止。将一个难以直接解决的大问题分割成一些规模较小的子问题,这些子问题相互独立且与原问题性质相同,则可先递归地解决这些子问题,然后将这些子问题的解进行合并得到原问题的解。在对各子问题分而治之的过程中,采用的是递归的思想,因此通常利用递归方式对解题过程进行描述。

直接或间接地调用自身的算法称为**递归算法**,用函数自身给出定义的函数称为**递归函数**。由分治法产生的子问题往往是原问题的较小模式,这就为使用递归技术提供了方便。在这种情况下,反复应用分治法,可以使子问题与原问题类型一致,而其规模却不断缩小,最终使子问题缩小到很容易直接求出其解,这自然导致递归过程的产生。分治与递归像一对孪生兄弟,经常同时应用在算法设计中,并由此产生许多高效算法。

例 2-1 阶乘函数。

阶乘函数可递归地定义为

$$n!=\begin{cases}1 & n=0\\ n(n-1)! & n>0\end{cases}$$

边界条件与递归方程是递归函数的两个要素,递归函数只有具备这两个要素,才能在有限次计算后得出结果。

例 2-2 Fibonacci(斐波那契)数列。

无穷数列 1,1,2,3,5,8,13,21,34,55,…称为 Fibonacci 数列,它可以递归地定义为

$$F(n)=\begin{cases}1 & n=0\\ 1 & n=1\\ F(n-1)+F(n-2) & n>1\end{cases}$$

Fibonacci 数列第 n 个数可递归地计算如下:

```
int fibonacci(int n)
   {
```

```
    if (n <= 1)
        return 1;
    else
        return fibonacci(n-1)+fibonacci(n-2);
}
```

例 2-3 排列问题。

设计一个递归算法生成 n 个元素 $\{r_1,r_2,\cdots,r_n\}$ 的全排列。设 $R=\{r_1,r_2,\cdots,r_n\}$ 是要进行排列的 n 个元素，$R_i=R-\{r_i\}$。集合 X 中元素的全排列记为 $perm(X)$，$(r_i)perm(X)$表示在全排列 $perm(X)$的每一个排列前加上前缀得到的排列。

R 的全排列可归纳定义如下：

当 $n=1$ 时，$perm(R)=(r)$，其中 r 是集合 R 中唯一的元素；

当 $n>1$ 时，$perm(R)$由$(r_1)perm(R_1)$，$(r_2)perm(R_2)$，$\cdots$，$(r_n)perm(R_n)$构成。

排列问题的递归算法如下：

```
void perm(int a[],int k,int m)
{
    int i;
    if(k==m)
     {for(i=0;i<=m;i++)
      printf("%d",a[i]);}
    else
      {for(i=k;i<=m;i++)
            {swap(&a[k],&a[i]);
             perm(a,k+1,m);
             swap(&a[k],&a[i]);}
       }
}
```

例 2-4 整数划分问题。

将正整数 n 表示成一系列正整数之和，即 $n=n_1+n_2+\cdots+n_k$，其中 $n_1\geqslant n_2\geqslant\cdots\geqslant n_k\geqslant 1$，$k\geqslant 1$。正整数 n 的这种表示称为正整数 n 的划分。求正整数 n 不同划分的个数。

例如，正整数 6 有以下 11 种不同的划分：

```
6;
5+1;
4+2,4+1+1;
3+3,3+2+1,3+1+1+1;
2+2+2,2+2+1+1,2+1+1+1+1;
1+1+1+1+1+1。
```

例 2-1 至例 2-3 的问题本身都具有比较明显的递归关系,因而较容易用递归函数直接求解。在例 2-4 中,如果设 $p(n)$为正整数 n 的划分数,则难以找到递归关系,因此考虑增加一个自变量,将最大加数 n_1 不大于 m 的划分个数记作 $q(n, m)$,则可以建立 $q(n, m)$的如下递归关系。

(1)$q(n,1)=1, n\geq 1$。

当最大加数 n_1 不大于 1 时,任何正整数 n 都只有一种划分形式,即

$$n=\overbrace{1+1+\cdots+1}^{n}$$

(2)$q(n,m)=q(n,n), m\geq n$。

最大加数 n_1 实际上不能大于 n,因此 $q(1,m)=1$。

(3)$q(n,n)=1+q(n,n-1)$。

正整数 n 的划分由 $n_1=n$ 的划分和 $n_1\leq n-1$ 的划分组成。

(4)$q(n,m)=q(n,m-1)+q(n-m,m), n>m>1$。

正整数 n 的最大加数 n_1 不大于 m 的划分由 $n_1=m$ 的划分和 $n_1\leq m-1$ 的划分组成。

正整数 n 的划分数 $p(n)=q(n,n)$,且有

$$q(n,m)=\begin{cases} 1 & n=1,m=1 \\ q(n,n) & n<m \\ 1+q(n,n-1) & n=m \\ q(n,m-1)+q(n-m,m) & n>m>1 \end{cases}$$

```
int q(int n, int m)
{
    if ( (n<1) || (m<1) )    return 0;
    if ( (n==1) || (m==1) )    return 1;
    if (n<m))    return q(n, n);
    if (n==m)    return    return q(n, m-1)+1;
    return  q(n, m-1)+q(n-m, m);
  }
```

例 2-5 Hanoi 塔问题。

设 a, b, c 是 3 个塔座,开始时,在塔座 a 上有一叠圆环共 n 个,这叠圆环自下而上、由大到小地叠在一起,且各圆环从小到大的编号为 1, 2,⋯, n,现要求将塔座 a 上的这一叠圆环移到塔座 b 上,并仍按同样顺序叠放。在移动圆环时应遵守以下移动规则,如图 2-1 所示。

规则 1:每次只能移动 1 个圆环。

规则 2:任何时刻都不允许将较大的圆环压在较小的圆环上。

规则 3:在满足规则 1 和 2 的前提下,可将圆环移至 a,b,c 中任一塔座上。

简单解法:假设塔座 a, b, c 排成一个三角形,由 a → b → c → a 构成一个顺时针循环。在移动圆环时,如果是奇数次移动,则将最小的圆环移动到顺时针方向的下一个塔座上;若是偶数次移动,则保持最小圆环不动,而在其他两个塔座之间将较小的圆环移动到另一个塔座上。

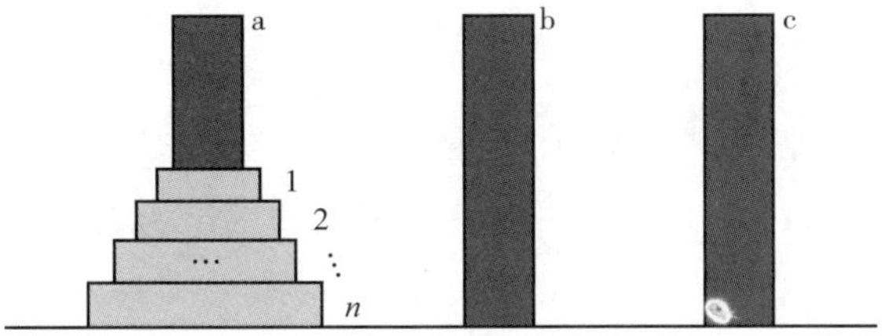

图 2-1 Hanoi 塔规则图

```
void hanoi(int n, int a, int b, int c)
{
    if (n > 0)
    {
        hanoi(n-1, a, c, b);
        move(a,b);
        hanoi(n-1, c, b, a);
    }
}
```

2.2 分治思想

2.2.1 分治解题步骤

1. 分治法所能解决的问题具有的特征

(1)该问题的规模缩小到一定程度就可以较容易地解决。问题的计算复杂性一般是随问题规模的增加而增加的,因此大部分问题满足该特征。

(2)该问题可以分解为若干个规模较小的相同问题,即该问题具有最优子结构性质。该特征是应用分治法的前提,它也是大多数问题可以满足的,其反映了递归思想的应用。

(3)利用该问题分解出的子问题的解可以合并为该问题的解。能否利用分治法完全取决于问题是否具有该特征。如果具备(1)(2)特征,而不具备(3)特征,则可以考虑贪心算法或动态规划算法。

（4）该问题所分解出的各子问题是相互独立的，即各子问题之间不包含公共的子问题。该特征涉及分治法的效率，如果各子问题不是相互独立的，则分治法要做许多不必要的工作，重复地求解公共的子问题，此时虽然也可采用分治法，但一般采用动态规划算法较好。

2. 分治法的基本步骤

```
divide-and-conquer(P)
{
   if ( | P | <= n0) adhoc(P);    //求解小规模的问题
   divide P into smaller subinstances P1,P2,...,Pk;  //分解问题
   for (i=1,i<=k,i++)
     yi=divide-and-conquer(Pi);  //递归地求解各子问题
   return merge(y1,...,yk);  //将各子问题的解合并为原问题的解
}
```

从大量实践中发现，在采用分治法设计算法时，最好使子问题的规模大致相同，即将一个问题分解成大小相等的 k 个子问题的处理方法是行之有效的。这种使子问题规模大致相同的做法源自一种平衡（balancing）子问题的思想，它几乎总是比子问题规模不等的做法要好。

2.2.2 分治复杂度分析

分治法就是把一个大的复杂的问题分为 a（a>1）个形式相同的子问题，这些子问题的规模为 n/b，如果分解或者合并的复杂度为 $f(n)$，那么总的时间复杂度可以表示为

$$T(n)=\begin{cases} O(1) & n=1 \\ aT\left(\dfrac{n}{b}\right)+f(n) & n>1 \end{cases}$$

例 2-6 合并排序算法的时间复杂度递推求解。

$$\begin{aligned} T(n) &= 2T(n/2)+O(n) \\ &= 2[2T(n/4)+O(n/2)]+O(n) \\ &= 4T(n/4)+2O(n) \\ &= 8T(n/8)+3O(n) \\ &\cdots\cdots \\ &=2^xT(n/2^x)+xO(n) \end{aligned}$$

递归最终的规模为 1，令 $n=2^x$，则 $x=\log n$，那么

$$\begin{aligned} T(n) &= nT(1)+\log nO(n) \\ &= n+\log nO(n) \\ &=O(n\log n) \end{aligned}$$

例 2-7 递归树求解。

递归树求解方式其实和递推求解一样，只是递归树能够更清楚、直观地显示出来，更能

够形象地表达每层分解的节点和每层产生的成本。

例如，$T(n)=2T(n/2)+O(n)$，如图 2-2 所示，则有

时间复杂度=叶子数×$T(1)$+成本和=$2^xT(1)+xO(n)$

因为 $n=2^x$，则 $x=\log n$，那么

时间复杂度=$2^xT(1)+xO(n)=n+\log nO(n)=O(n\log n)$

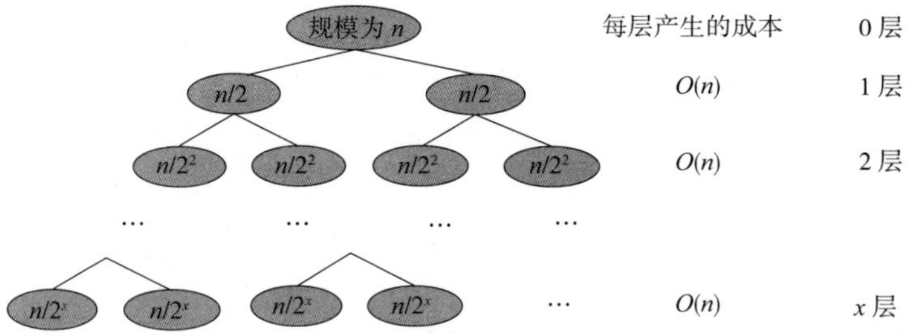

图 2-2 递归树求解

例 2-8 在一个存有 n 个数的数组 $list[n]$中查找值为 a 的元素。

具体查找步骤如下。

(1)将原问题转化为在 $list[n]$的一个子序列中查找对应元素的问题，即 $k=1$。

(2)每个子问题的规模是原问题规模的 1/2。

(3)完成如下步骤：

①计算 $mid=(left+right)/2$；

②比较 $list[mid]$与 a 的大小关系。

由上述已知条件可以给出一个分治算法的复杂度 $f(n)$的递推公式：设一个递归算法把一个规模为 n 的问题分成 a 个子问题，每个子问题的规模为 n/b，且设由各子问题的解组合成原问题的解的处理需要总量为 $g(n)$的额外步骤。设 $f(n)$为解决规模为 n 的问题的算法复杂度，则有如下递推关系：

$$f(n)=af\left(\frac{n}{b}\right)+g(n)$$

对于这种类型的递推公式，有以下结论来对其阶进行估计。首先，我们根据 $g(n)$的形式不同分为以下两种不同的情况，其中 c、d 为常数：

$$g(n)=c$$

$$g(n)=cn^d$$

(1)对于情况 $g(n)=c$，设函数 f 是满足递推关系 $f(n)=af(n/b)+c$ 的增函数，其中 $a\geqslant1$，b 为大于 1 的正整数，c 为正实数，那么

$$f(n)=\begin{cases}O(n^{\log_a b}) & a>1\\ O(\log n) & a=1\end{cases}$$

证明 首先令 $n=b^k$，由递推关系得出

$$f(n)=f(b^k)=af(b^{k-1})+c=a[af(b^{k-2})+c]+c=a\{a[af(b^{k-3})+c]+c\}+c=\cdots=c\sum_{i=0}^{k-1}a^i+a^kf(1)$$

将 $a=1$ 代入原式中化简可得 $f(n)=f(1)+ck$，又因为 $n=b^k$，所以 $k=\log_b n$，则有

$$f(n)=f(1)+c\log_b n$$

当 $a=1$ 时，有

$$f(n)=O(\log n)$$

进一步考虑 n 不是 b 的幂时，我们采用类似于夹逼的方法，即总存在正整数 k 使得 $b^k<n<b^{k+1}$，因为 f 是递增的，所以有

$$f(n)\leqslant f(b^{n+1})=f(1)+c(k+1)=f(1)+c+ck=f(1)+c+c\log_b n=O(\log n)$$

综上所述，无论 n 是否为 b 的幂，当 $a=1$ 时，有

$$f(n)=O(\log n)$$

当 $a>1$ 时，同样先考虑 $n=b^k$ 的情况，类似地利用递推公式迭代，可得

$$f(n)=a^k f(1)+c\frac{a^k-1}{a-1}=a^k\left[f(1)+\frac{c}{a-1}\right]-\frac{c}{a-1}$$

令 $C_1=f(1)+\frac{c}{a-1}$，$C_2=-\frac{c}{a-1}$，则有 $f(n)=C_1a^k+C_2$，又因为 $k=\log_b n$，则有

$$f(n)=O(a^{\log_b n})=O(n^{\log_b a})$$

进一步考虑 n 不是 b 的幂时，我们仍采用类似于夹逼的方法，即总存在正整数 k 使得 $b^k<n<b^{k+1}$，因为 f 是递增的，所以有

$$f(n)\leqslant f(b^{n+1})=C_1a^{k+1}+C_2=aC_1a^k+C_2=O(n^{\log_b a})$$

综上所述，无论 n 是否为 b 的幂，当 $a\geqslant 1$ 时，有

$$f(n)=O(n^{\log_b a})$$

结论证明完成。

（2）对于情况 $g(n)=cn^d$，设函数 f 是满足递推关系 $f(n)=af(n/b)+cn^d$ 的增函数，其中 $n=b^k, a\geqslant 1, b$ 为大于 1 的正整数，c 和 d 为实数，且 $c\geqslant 0, d\geqslant 0$，那么

$$f(n)=\begin{cases} O(n^d) & a<b^d \\ O(n^d\log n) & a=b^d \\ O(n^{\log_a b}) & a>b^d \end{cases}$$

2.3 经典分治

2.3.1 二分查找

二分查找又称折半查找，其针对的是一个有序的数据集合，查找思想与分治思想有些类似，即每次都通过与区间的中间元素对比，将待查找的区间缩小为之前的一半，直到找到要查找的元素或者区间被缩小为 0。

折半搜索算法是使用分治策略设计的典型例子。例如，给定已按升序排好序的 n 个元

素 $a[0:n-1]$，现要在这 n 个元素中找出一特定元素 x。我们首先分析折半搜索是否符合使用分治策略的条件。

条件一：该问题的规模缩小到一定的程度就可以较容易地解决。

条件二：该问题可以分解为若干个规模较小的相同问题。

条件三：该问题分解出的子问题的解可以合并为原问题的解。

条件四：该问题分解出的各子问题是相互独立的。

分析：如果 $n=1$ 即只有一个元素，则只要比较这个元素和 x 就可以确定 x 是否在其中，因此该问题满足分治法的第一个适用条件。比较 x 和 a 的中间元素 $a[mid]$，如果 $x=a[mid]$，则 x 在 a 中的位置就是 mid；如果 $x<a[mid]$，由于 a 是递增排序的，因此假如 x 在 a 中的话，x 必然排在 $a[mid]$ 的前面，所以只在 $a[mid]$ 的前面查找 x 即可；如果 $x>a[mid]$，则只在 $a[mid]$ 的后面查找 x 即可。无论是在前面还是在后面查找 x，其方法都与在 a 中查找 x 一样，只不过是查找的规模缩小了。这就说明该问题满足分治法的第二个和第三个适用条件。

很显然，该问题分解出的子问题是相互独立的，即在 $a[mid]$ 的前面或后面查找 x 是独立的子问题，因此满足分治法的第四个适用条件。

算法 2-1　折半搜索

```
int BinarySearch(Type a[], int x, int l, int r)
{
    while (r >= l){
        int m = (l+r)/2;
        if (x == a[m])  return m;
        if (x < a[m])  r = m-1;
        else l = m+1;}
    return -1;
}
```

算法 2-1 复杂度分析：每执行一次 while 循环，待搜索数组的大小减小一半，因此在最坏情况下 while 循环被执行了 $O(\log n)$ 次；循环体内运算需要的时间为 $O(1)$，因此整个算法在最坏情况下的计算时间复杂性为 $O(\log n)$。

下面再看一个简单的例子，即使用分治法求解 n 元数组中的最大和最小元素。对于给定的由若干个元素组成的数组 $A[i:j](j\geq i)$，求其最大值和最小值最容易想到的算法是直接比较算法：首先将数组的第 1 个元素分别赋给两个临时变量，即 $f_{max}=A[1]$ 和 $f_{min}=A[1]$；然后从数组的第 2 个元素 $A[2]$ 开始直到第 n 个元素逐个与 f_{max} 和 f_{min} 比较，在每次比较中，如果 $A[i]>f_{max}$，则用 $A[i]$ 的值替换 f_{max} 的值，如果 $A[i]<f_{min}$，则用 $A[i]$ 的值替换 f_{min} 的值，否则保持 $f_{max}(f_{min})$ 的值不变。这样在程序结束时 f_{max}、f_{min} 的值就分别是数组的最大值和最小值。这个算法在最坏情况下，元素的比较次数是 $2(n-1)$，而平均比较次数为 $3(n-1)/2$。如果采用分治策略的思想，我们可以给出算法，其时间复杂性在最坏和平均情况下比较次数均为 $3n/2-2$。

算法 2-2　递归求最大值和最小值

```
MaxMin(i,j,fmax,fmin)  //A[1:n]是含有n个元素的数组，参数i,j是整数，
//1≤i≤j≤n,使用该过程将数组A[i:j]中的最大和最小元素分别赋给fmax和fmin。
  global n, A[1:n]; integer i, j;
  if i=j then
    fmax=fmin=A[i];  //子数组A[i:j]中只有一个元素
  else if i=j-1 then  //子数组A[i:j]中只有两个元素
    if A[i]<A[j] then
      fmin=A[i]; fmax=A[j];
    else fmin=A[j]; fmax=A[i];
    end if
  else mid=(i+j)/2;  //子数组A[i:j]中的元素多于两个
MaxMin(i, mid, gmax, gmin);
MaxMin(mid+1, j, hmax, hmin);
fmax=max(gmax, hmax);
fmin=main(gmin, hmin);
end if
end MaxMin
```

如果用 $T(n)$ 表示 MaxMin 所进行的元素比较次数，则算法 2-2 可导出一个递归关系式。当 n 是 2 的方幂，即 $n=2^k$ 时，有

$$T(n)=\begin{cases} 0 & n=1 \\ 1 & n=2 \\ T(\lceil n/2 \rceil)+T(\lfloor n/2 \rfloor)+2 & n>2 \end{cases}$$

$$T(n)=2T(n/2)+2=2^2T(n/4)+2^2+2=\cdots=2^{k-1}T(2)+\sum_{i=1}^{k-1}2^i=2^{k-1}+2^k-2=3n/2-2$$

无论是最好、最坏还是平均情况，MaxMin 所进行的元素比较次数都是 $3n/2-2$，比前面提到的算法（在最坏情况下）节省了 25%的时间。实际上，任何一种以元素比较为基础的找最大和最小元素的算法，其元素比较次数的下界为 $\lceil 3n/2 \rceil-2$。从这种意义上来说，MaxMin 算法是最优的。然而，由于需要 $\lfloor \log n \rfloor+1$ 级的递归，每次递归调用需要将 $i,j,f_{\max},f_{\min}$ 和返回地址的值保留到栈中，所以需要多占用内存空间；而且由于这些值出入栈时会带来时间开销，特别当 A 中元素的比较次数与整数 i 和 j 的比较次数相差无几时，递归求最大和最小值的算法未必比直接求最大和最小值的算法效率高。

2.3.2 合并排序

归并排序算法的基本思想是采用分治策略，将要排序的数组分成两部分，先对每部分进行排序，然后将两部分已经排好序的子数组的元素按照从小到大的顺序交替地摆放在一个新的数组中。这一过程也许需要多次分解和组合，因而也是一个递归过程。例如，已知有 n 个元素的数组 $A[1:n]$，将 A 中的元素按不降序排列。

算法 2-3 归并排序

```
    MergeSort(low, high)  // A[low:high]是一个全程数组，含有 high-low+1 个待排
//序的元素
       integer low, high;
       if low < high then
             mid = (low+high)/2  //求当前数组的分割点
             MergeSort(low, mid)  //对第一个子数组排序
             MergeSort(mid+1, high)  //对第二个子数组排序
       Merge(low, mid, high)  //归并两个已经排序的子数组
      end if
    end MergeSort
```

算法 2-4 合并过程

```
    Merge(low, mid, high)  //Merge 的任务是对两个子数组 A[low:mid]和 A[mid+1:high]
//中的数据进行排序，再存于数组 A[low:high]中
        integer h, i, j, k, low, mid, high;
        global A[low : high]; local B[low : high];  //借用临时数组 B
        h=low; i=low; j=mid+1;  // h, j 是拣取游标，i 是存放游标
        while h<=mid && j<=high do  //当两个数组都没有取尽时
             if A[h]<=A[j] then B[i]=A[h]; h=h+1;
             else B[i]=A[j]; j=j+1;
             end if
         i=i+1;
         end while
         if h>mid then  //当第一个子数组元素被取尽，而第二个子数组元素未被取尽时
         for k from j to high do
              B[i]=A[k]; i=i+1;
         end for
         else
         for k from h to mid do  //当第二个子数组元素被取尽，而第一个子数组元
//素未被取尽时
```

```
            B[i]=A[k]; i=i+1;
        end for
        end if
        for k from low to high do   //将临时数组中的元素再赋给数组A
            A[k]=B[k];
        end for
    end Merge
```

如果用 $T(n)$表示归并排序所用的时间，并假定合并过程所用的时间与 n 成正比，则有

$$T(n)=\begin{cases}O(1) & n=1\\ 2T(n/2)+O(n) & n>1\end{cases}$$

若 n 是 2 的方幂，即 $n=2^k$，直接推导可得 $T(n)=O(n\log n)$，即归并排序是时间复杂性级别最低的排序算法（以比较为基础）。

然而，仔细观察可以发现，归并排序有两个地方值得商榷：一是分解直到只有一个元素，事实上当元素比较少时可直接进行排序，如采用插入排序算法相比进一步分拆、合并排序要快得多，因为在这种情况下大量的时间都花在调用分解、合并函数上，所以在归并排序算法中对于归并起点的规模应该有适当的限制，即加 Small(p, q)加以判断；二是辅助数组 B 的借用虽然不可避免，但应该采用另一种方式，以避免数组 A 中的元素频繁换位，因此可以采用链表将数组 A 中的元素位置变动转化成链表值的变化。

算法 2-5　使用链接表的归并排序

```
    MergeSortL(low, high, p)  //Link是数组A[low:high]的下标表,p指示这个表的
//开始处,利用Link将A按非降顺序排列
        global A[low:high]; Link[low:high];
        if high-low+1<16 then  //设定子问题的最小规模Small
            InsertSort(A,Link,low,high,p);
        else mid=(low+high)/2;
            MergeSortL(low,mid,q);  //返回q表
            MergeSortL(mid+1,high,r);  //返回r表
            MergeL(q,r,p);  //将表q和r合并成表p
        end if
    end MergeSortL
```

算法 2-6　使用链接表的合并程序（对合并函数 Merge 的改进）

```
    MergeL(q,r,p)  //由链接表q和r构造新的链接表p, q和r是数组Link[1:n]中
//的两个表指针,这两个链表指出被划分的两个子数组的地址排序,而p指针指出两个子
//数组归并后的地址排序,实际上都是表的相互顺序在变化
     global n,A[1:n], Link[0:n]; local integer i, j, k;
```

```
    i=q; j=r; k=0;  // 初始化,新表在Link[0]处开始
    while i ≠ 0 && j ≠ 0 do  //当两个表皆非空时
      if A[i]<=A[j] then
        Link[k]=i; k=i; i=Link[i];  //加一个新元素到此表
      else Link[k]=j; k=j; j=Link[j];
      end if
    end while
      if i=0 then
        Link[k]=j;
      else Link[k]=i;
      end if
        p=Link[0];
  end MergeL
```

下面用一个实例来描述归并排序过程,例如数组[7,3,2,6,0,1,5,4]的归并排序过程如图 2-3 所示。

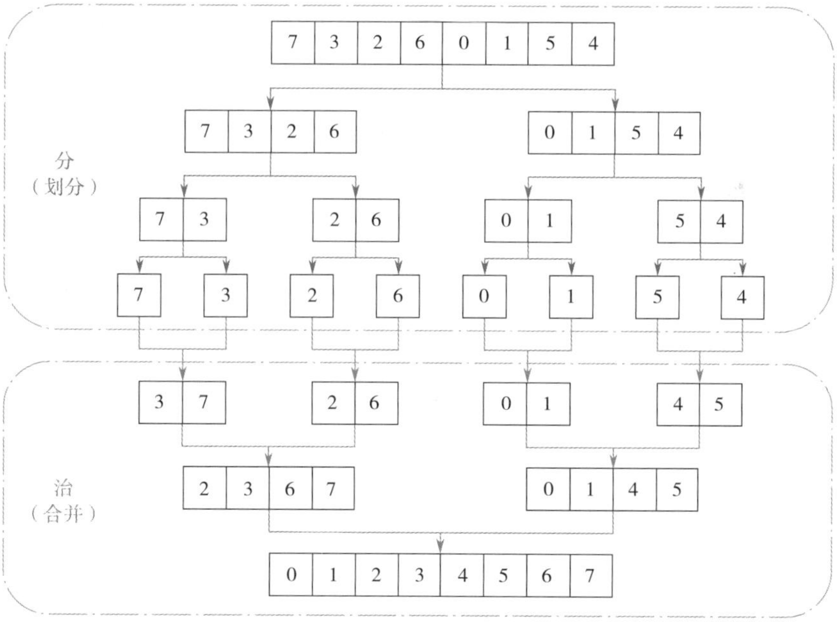

图 2-3 归并排序实例过程图

实例算法设计过程:子数组[7, 3, 2, 6]的归并排序过程如图 2-4 所示,子数组[0, 1, 5, 4]的归并排序过程与此类似。

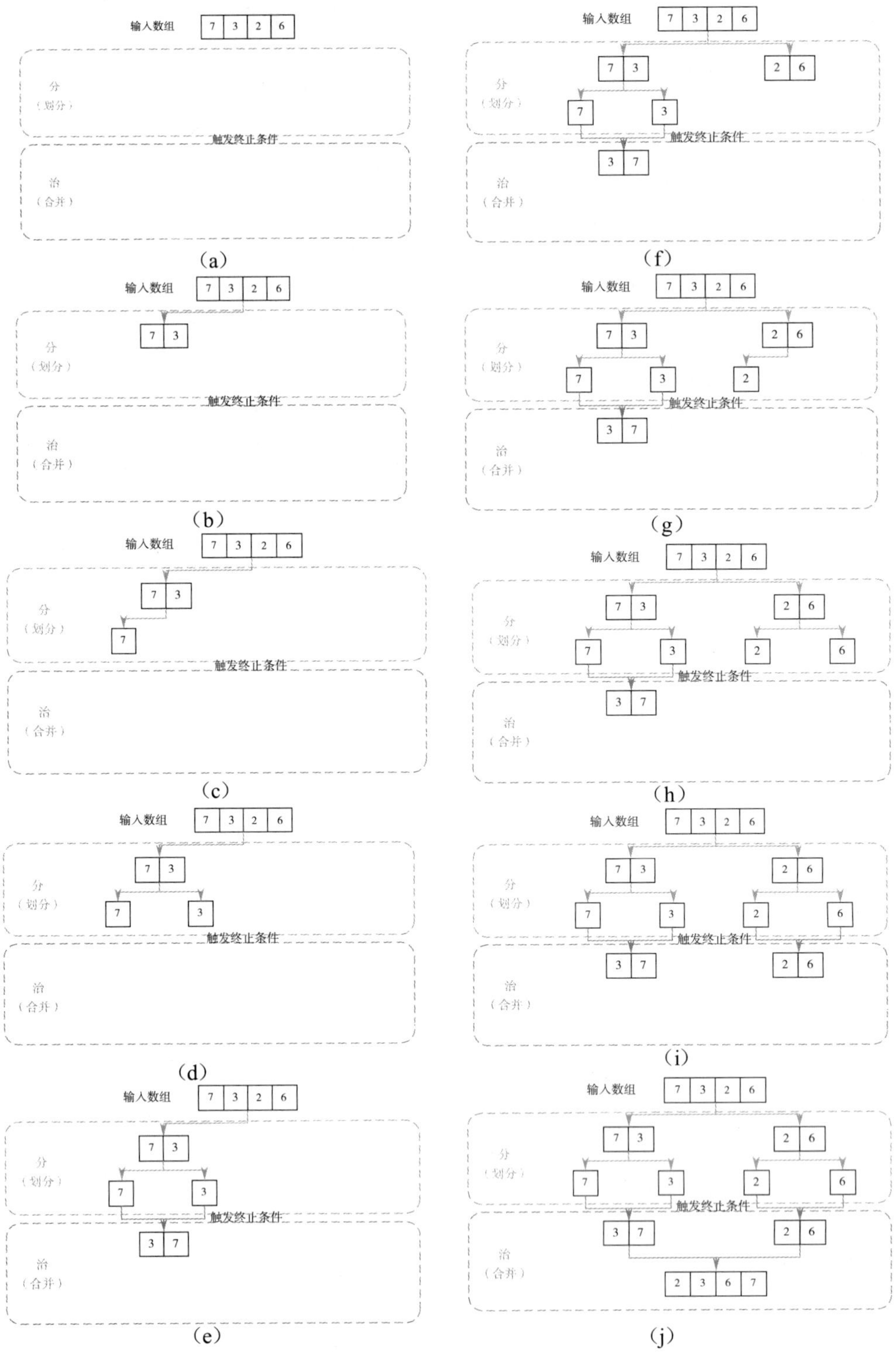

图 2-4　实例算法设计过程

实例算法执行:为简化代码,当 $j=r+1$ 时与当 $tmp[i]\leqslant tmp[j]$时,两判断项可合并。

```
def merge_sort(nums, l, r):
    if l >= r: return  //终止条件
    m = (l + r) / 2  //递归划分数组
    merge_sort(nums, l, m)
    merge_sort(nums, m + 1, r)
    #合并子数组
    tmp = nums[l:r + 1]  //暂存需合并区间元素
    i, j = 0, m - l + 1  //两指针分别指向左、右子数组的首个元素
    for k in range(l, r + 1)  //遍历合并左、右子数组
        if i == m - l + 1
            nums[k] = tmp[j]
            j += 1
        else if j == r - l + 1 or tmp[i] <= tmp[j]
            nums[k] = tmp[i]
            i += 1
        else
            nums[k] = tmp[j]
            j += 1
#调用
nums = [3, 4, 1, 5, 2, 1]
merge_sort(0, len(nums) - 1)
```

2.3.3 快速排序

由计算机科学家 C.A.R.Hoare 提出的快速排序也是采用分治法思想的经典算法。快速排序与合并排序的不同之处是,合并排序是按照元素的位置进行划分,而快速排序是按照元素的值进行划分。快速排序的基本策略:首先将数组 $A[1:n]$分解成两个子数组 $B[1:p]$和 $B[p+1:n]$,并使 $B[1:p]$中的元素均不大于 $B[p+1:n]$中的元素;然后分别对这两个子数组中的元素进行排序(非降的);最后把两个排好序的子数组接起来即可。一般的分解是从 A 中选定一个元素,然后将 A 中的所有元素与这个元素比较,小于或等于这个元素的放在一个子数组里,大于这个元素的放在另一个子数组里,这个过程称为划分。

算法 2-7 划分伪码

输入:$A[i:j]$为待排序数组。

输出:排好序的数组 A。

```
Void QuickSort(int A[],int i, int j)
{
PivotIndex=FindPivot(A,i,j);  //在数据 A 中查找基准元素,返回值为基准元素
//在 A 中的位置
    if(PivotIndex>-1)
    {
    Pivot=A[PivotIndex];
        k=Partition(A,i,j,Pivot);  //将数组 A 利用基准元素进行分割,使得
//A[i:k-1] 小于 Pivot,而 A[k:j]都不小于 Pivot
        QuickSort(A,i,k-1);
        QuickSort(A,k,j);
    }
}
```

选择基准元素非常重要,如果基准元素选择不当,容易使排序过程进入死循环。常采用的基准元素选择方法有很多种,如首元素选择法、三平均分区法等。在此选择前面两个不等元素中的较大者作为基准元素。

算法 2-8　查找基准元素

输入:*A*[*i*:*j*]为待排序数组。

输出:若 *A* 中元素都相等,则返回-1;否则,返回基准元素在 *A* 中的位置。

```
int FindPivot(int A[], int i,int j)
{
  First=A[i];
  for(k=i+1;k<=j;k++)
    if(A[k]>First)  return(k);
    else if(A[k]<First)  return(i);
    return(-1);
}
```

算法 2-9　数组划分算法

输入:*A*[*i*:*j*]为待划分数组,*Pivot* 为基准元素。

输出:*Left* 为划分的位置,即 *A*[*i*:*Left*-1]都小于 *Pivot*,而其他元素都不小于 *Pivot*。

```
int Partition(int A[],int i,int j,int Pivot)
{
  Left=i;
  Right=j;
  do
```

```
    {
        swap(A[Left],A[Right]);
        while(A[Left]<Pivot)   Left++;
        while(A[Right]>=Pivot)   Right--;
    }
    while(Left<Right)
    return(Left);
}
```

下面对具体实例进行快速排序，即对给定数组按照升序进行快速排序，输入数据为{25，1，12，25，10，10，34，900，23，12，80}。

算法分析：快速排序的基本思想是对要排序的数组进行划分，使左边的数小于某个数，右边的数大于某个数，并重复执行以上划分，直到完成排序为止。

算法思路：

（1）定义两个变量 *low*、*high* 分别表示数组的第一个元素位置和最后一个元素位置；

（2）定义变量 *key* 先存储数组中的第一个元素 *arr*[0]，以后 *key* 的值都为划分后的第一个元素；

（3）先从数组的后面开始比较，即变量 *high* 依次减 1（即 *high*--），直到发现 *high* 所在位置的数小于 *key*，则交换 *low* 和 *high* 所在位置的元素数，由于此时已经确定 *arr*[*low*]比 *key* 小，所以 *low* 加 1（即 *low*++），直到 *low*=*high*；

（4）利用递归算法对已经划分的数组进行再次划分，直到划分的左右两边都只有一个数。

算法执行过程：

```
int main()
{
    int a[11]={25, 1, 12, 25, 10, 10, 34, 900, 23, 12, 80};
    QuickSort(a, 0, 10);
    int i;
    for(i=0;i<11;i++)
    {
        printf("%d ",a[i]);
    }
    return 0;
}
void QuickSort(int *arr, int low, int high)
{
   if(low<high)   //不加这个条件会死循环
```

```
    {
      int i=low;
      int j=high;
      int key=arr[low];
      while(i<j)
      {
        while(i<j&&arr[j]>=key)
          j--;
        if(i<j)
          arr[i++]=arr[j];  //先赋值,再自增
        while(i<j&&arr[i]<key)
          i++;
        if(i<j)
          arr[j--]=arr[i];  //先赋值,再自增
      }
      arr[i]=key;
      QuickSort(arr, low, i-1);  //给左边排序
      QuickSort(arr, i+1, high);  //给右边排序
    }
  }
```

例 2-9 对“6,1,2,7,9,3,4,5,10,8”这 10 个数进行排序。

算法分析:快速排序算法有两个核心点,分别为**哨兵划分**和**递归**。

哨兵划分:以数组某个元素(一般选取第一个元素)为基准数,将所有小于该基准数的元素移至其左边,大于该基准数的元素移至其右边。

递归:对左子数组和右子数组分别递归执行哨兵划分,直至子数组长度为 1 时终止递归,即可完成对整个数组的排序。

分别从初始序列“6,1,2,7,9,3,4,5,10,8”两端开始“探测”。也就是,先从右往左找一个小于 6 的数,再从左往右找一个大于 6 的数,然后交换它们。在此用两个变量 i 和 j 分别指向序列的最左边和最右边,且分别称为哨兵 i 和哨兵 j。首先,哨兵 j 开始出动(因为此处设置的基准数是最左边的数,所以需要让哨兵 j 先出动,这一点非常重要,请自己想一想为什么),哨兵 j 一步一步地向左挪动(即 j--),直到找到一个小于 6 的数停下来;然后,哨兵 i 再一步一步地向右挪动(即 i++),直到找到一个大于 6 的数停下来;最后,哨兵 j 停在数字 5 面前,哨兵 i 停在数字 7 面前,并交换哨兵 i 和哨兵 j 所指向的元素值。至此,第一次交换结束,继续“探测”,即哨兵 j 依旧向左挪动,哨兵 i 依旧向右挪动,规则同前,最后哨兵 j 停在数字 4 面前,哨兵 i 停在数字 9 面前,依旧交换哨兵 i 和哨兵 j 所指向的元素值。至此,第二次交换结束,继续“探测”,哨兵 i 和哨兵 j 在数字 3 面前相遇,则将数字 3 和基准数 6 交换,到此第一轮“探测”真正结束。以上整个过程如图 2-5 所示。

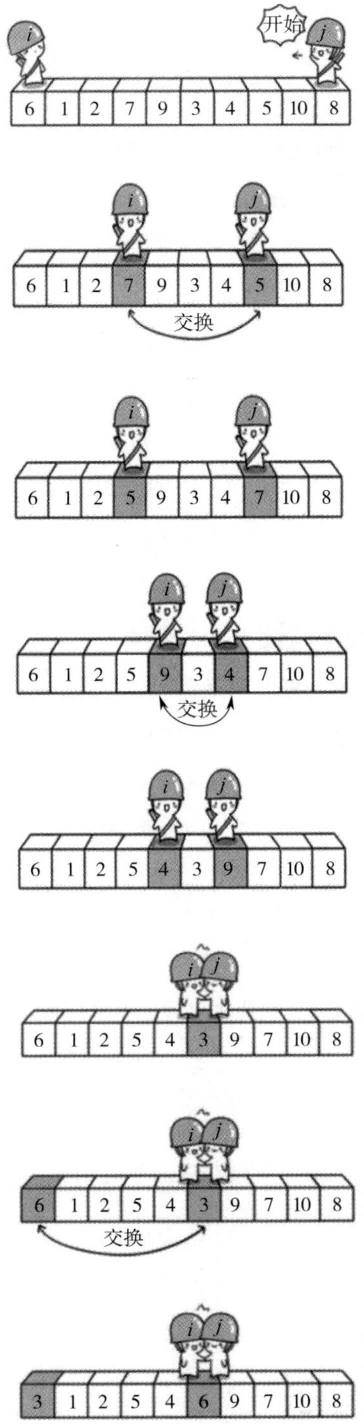

图 2-5 哨兵划分第一轮“探测”过程

此时，以基准数 6 为分界点，6 左边的数都小于或等于 6，6 右边的数都大于或等于 6。回顾上面的过程，其实哨兵 j 的使命就是要找小于基准数的数，而哨兵 i 的使命就是要找大于基准数的数，直到哨兵 i 和 j 碰头为止。

算法执行过程：快速排序算法整个执行过程如图 2-6 所示。

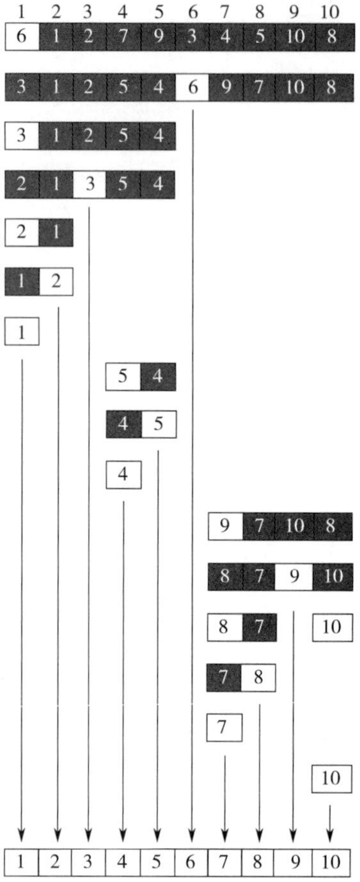

图 2-6　快速排序算法整个执行过程

算法代码演示：

```
#include <stdio.h>
int a[101],n;  //定义全局变量，这两个变量需要在子函数中使用
void QuickSort(int left,int right)
{
    int i,j,t,temp;
    if(left>right)
       return;
    temp=a[left];  //temp 中存的是基准数
    i=left;
    j=right;
    while(i!=j)
```

```
    {
        //顺序很重要,要先从右边向左边开始查找
        while(a[j]>=temp && i<j)
            j--;
        //再从左边向右边开始查找
        while(a[i]<=temp && i<j)
            i++;
        //交换两个数在数组中的位置
        if(i<j)
        {
            t=a[i];
            a[i]=a[j];
            a[j]=t;
        }
    }
    //最终将基准数归位
    a[left]=a[i];
    a[i]=temp;

    QuickSort(left,i-1);  //继续处理左边的子数组,这是一个递归的过程
    QuickSort(i+1,right);  //继续处理右边的子数组,这是一个递归的过程
}
int main()
{
    int i,j,t;
    //读入数据
    scanf("%d",&n);
    for(i=1;i<=n;i++)
        scanf("%d",&a[i]);
    QuickSort(1,n);  //快速排序调用

    //输出排序后的结果
    for(i=1;i<=n;i++)
        printf("%d",a[i]);
    getchar();
    getchar();
    return 0;
}
```

总结:快速排序的每一轮处理其实就是将这一轮的基准数归位,直到所有的数都归位,排序就结束了。

由前面关于以比较为基础的排序算法在最坏情况下的下界可知,快速排序算法在最坏情况下的时间复杂性应不低于 $\Omega(n\log n)$。事实上,在快速排序算法中元素比较的次数,在最坏情况下为 $O(n^2)$。因为在 Partition(m, p)的每一次调用中,元素的比较次数至多为 $p-m+1$。把快速排序过程按照划分来分层,则第一层只调用 1 次 Partition,即 Partition$(1, n+1)$,涉及的元素为 n 个;在第二层调用 2 次 Partition,所涉及的元素为 $n-1$ 个,因为在第一层被选定的划分元素不在其中。若用 N_k 表示第 k 层调用 Partition 时所涉及的元素总个数,则 $N_k \leqslant n-k+1$,这样在第 k 层调用 Partition 时发生的元素比较次数应不大于 $n-k$。注意到 $1 \leqslant k \leqslant n$,因此快速排序算法在最坏情况下总的元素比较次数不超过 $n(n-1)/2$,即快速排序算法在最坏情况下的时间复杂性为 $O(n^2)$。

为了得到时间复杂性的平均值,我们不妨假设:

(1)各种不同的排序方式的输入是等概率的;

(2)参加排序的 n 个元素互不相同;

(3)每次调用 QuickSort 时,$A[i:j]$的各种排列顺序是等概率出现的。

用 $T(n)$表示时间复杂性的平均值。若假设(2)可知, FindPivot 一定可以找到一个基准数,并将数组 A 划分为两部分。由于 FindPivot 和 Partition 最多对数组扫描一遍,可以假设它们使用的时间上界为 $O(n)$,不妨设为 C_2,且 C_2 为常数。

假设每次调用 QuickSort$(A, 0, n-1)$之后,前半部分数组有 m 个元素,则有以下两种可能:

(1)$A[0]$是第 $m+1$ 个小的元素,且 $A[0]>A[1]$;

(2)$A[1]$是第 $m+1$ 个小的元素,且 $A[0]<A[1]$。

根据假设(3),第 $m+1$ 个小的元素出现在 $A[0]$或者 $A[1]$上的概率均为 $1/n$,同时前 m 个小元素出现在其他位置上的概率为 $m/(n-1)$,那么这两种可能同时出现的概率为 $m/[n(n-1)]$。因此,调用 QuickSort 后,前半部分数组含有 m 个元素的概率为 $2m/[n(n-1)](1 \leqslant m \leqslant n)$。可得 $T(n)$的递归方程为

$$T(n) \leqslant \sum_{m=1}^{n-1} 2m[T(m)+T(n-m)]/[n(n-1)]+C_2 n$$

下面求解 $T(n)$,根据 $\sum_{m=1}^{n-1} f(m)=\sum_{m=1}^{n-1} f(n-m)$,可得

$$\sum_{m=1}^{n-1} f(m)=1/2\sum_{m=1}^{n-1} f(m)+f(n-m)$$

令 $f(m)=\dfrac{2m}{n(n-1)}[T(m)+T(n-m)]$,则有

$$T(n) \leqslant \frac{1}{2}\sum_{m=1}^{n-1}\left\{\frac{2m}{n(n-1)}[T(m)+T(n-m)]+\frac{2(n-m)}{n(n-1)}[T(n-m)+T(m)]\right\}+C_2 n$$

$$=\frac{1}{n-1}\sum_{m=1}^{n-1}[T(m)+T(n-m)]+C_2 n$$

再令 $f(m)=T(m)$，则 $\sum_{m=1}^{n-1}T(m)=\frac{1}{2}\sum_{m=1}^{n-1}[T(m)+T(n-m)]$，可得

$$T(n)\leqslant\frac{2}{n-1}\sum_{m=1}^{n-1}T(m)+C_2n$$

下面我们用数学归纳法证明 $T(n)\leqslant Cn\log n$，其中 C 为常数，从而就可以证明快速排序算法的平均时间复杂性为 $O(n\log n)$。

证明 当 $n=2$ 时，显然存在常数 C，使 $T(2)\leqslant 2C\log 2=2C$。假设对于 $2\leqslant C<n$，有 $T(m)\leqslant Cm\log m$，则有

$$\begin{aligned}T(n)&\leqslant\frac{2}{n-1}\sum_{m=1}^{n-1}T(m)+C_2n\\&\leqslant\frac{2C}{n-1}(\sum_{m=1}^{n-1}m\log m)+C_2n\\&=\frac{2C}{n-1}\left[\sum_{m=1}^{\frac{n}{2}}m(\log n-1)+\sum_{m=\frac{n}{2}+1}^{n-1}m\log n\right]+C_2n\\&\leqslant\frac{2C}{n-1}\left[\sum_{m=n}^{\frac{n}{2}}m(\log n-1)+\sum_{m=\frac{n}{2}+1}^{n-1}m\log n\right]+C_2n\\&=\frac{2C}{n-1}\left[\frac{n}{4}\left(\frac{n}{2}+1\right)(\log n-1)+\frac{3n}{4}\left(\frac{n}{2}-1\right)\log n\right]+C_2n\\&=Cn\log n-\frac{Cn}{4}-\frac{3Cn}{4(n-1)}+C_2n\end{aligned}$$

当取 $C\leqslant 4C_2$ 时，$C_2n-\frac{Cn}{4}\leqslant 0$，且 $-\frac{3Cn}{4(n-1)}<0$，从而 $T(n)\leqslant Cn\log n$。

可知快速排序与归并排序具有相同的平均时间复杂性，但是在实际表现中却是有所不同的。对于某一组实验数据，快速排序一般要比归并排序用时少些。关于排序的算法我们已经接触了 6 种，即冒泡排序、计数排序、插入排序、选择排序、快速排序和归并排序，它们的时间复杂性见表 2-1。

表 2-1 各类排序算法的时间复杂性

算法	最坏复杂性	平均复杂性
冒泡排序	n^2	n^2
计数排序	n^2	n^2
插入排序	n^2	n^2
选择排序	n^2	n^2
快速排序	n^2	$n\log n$
归并排序	$n\log n$	$n\log n$

2.3.4 大整数乘法

对于某些需要对超过 100 位的十进制整数进行乘法运算的应用来说，计算机的一个“字”无法装下这样的整数，需要对其进行特殊的处理。下面我们介绍如何对这种整数进行乘法运算。采用分治算法，我们可以解决这个问题。

下面来研究一个两个两位整数相乘的例子。

对于 23 和 14 相乘，可以表示为

$$23=2\times 10^1+3\times 10^0$$

$$14=1\times 10^1+4\times 10^0$$

$$23\times 14=(2\times 10^1+3\times 10^0)\times(1\times 10^1+4\times 10^0)$$

$$=(2\times 1)\times 10^2+(2\times 4+3\times 1)\times 10^1+(3\times 4)\times 10^0$$

对于任意两个两位整数 $a=a_1a_0$ 和 $b=b_1b_0$ 而言，两者的积 c 可以表示为

$$c=a\times b=c_2\times 10^2+c_1\times 10^1+c_0$$

利用分治的思想计算两个 n 位整数 a 和 b 的积，其中 n 是一个正的偶数。根据位数，将两个整数从中间一分为二，a 的前半部分为 a_1，a 的后半部分为 a_0，则 $a=a_1\times 10^{\frac{n}{2}}+a_0$；与此类似，$b=b_1\times 10^{\frac{n}{2}}+b_0$。与上面的计算方法类似，可得

$$c=a\times b=\left(a_1\times 10^{\frac{n}{2}}+a_0\right)\times(b_1\times 10^{\frac{n}{2}}+b_0)$$

$$=(a_1\times b_1)\times 10^n+(a_1\times b_0+a_0\times b_1)\times 10^{n/2}+(a_0\times b_0)$$

$$=c_2\times 10^n+c_1\times 10^{n/2}+c_0$$

其中，$c_2=a_1\times b_1$ 是前半部分的积；$c_0=a_0\times b_0$ 是后半部分的积；$c_1=(a_1+a_0)\times(b_1+b_0)-(c_2+c_0)$。

如果 $n/2$ 也是偶数，我们可以用相同的方法来计算 c_2，c_1 和 c_0。如果 n 是 2 的方幂，就可得到一个计算两个 n 位整数的乘积的递归算法，当 n 为 1 或者足够小时，递归即停止。

乘法运算次数 $M(n)$的递推式如下。

当 $n>1$ 时，有

$$M(1)=1, M(n)=3M\left(\frac{n}{2}\right)$$

当 $n=2^k$ 时，有

$$M(2^k)=3M(2^{k-1})=3^k M(2^{k-k})=3^k$$

因此，有

$$k=\log n, M(n)=3^{\log n}$$

2.3.5 Strassen 矩阵乘法

矩阵乘法是线性代数中最常见的问题之一，也是科学计算中经常遇到的问题，尤其在数值计算中有广泛的应用。设 $\boldsymbol{A}$ 和 $\boldsymbol{B}$ 是两个 $n\times n$ 矩阵，$\boldsymbol{A}$ 和 $\boldsymbol{B}$ 的乘积矩阵 $\boldsymbol{C}$ 也是 $n\times n$ 矩

阵，$\boldsymbol{C}$ 中的元素 C_{ij} 定义为

$$C_{ij}=\sum_{k=1}^{n}A_{ik}B_{kj}$$

若根据此定义来计算矩阵 $\boldsymbol{A}$ 和 $\boldsymbol{B}$ 的乘积矩阵 $\boldsymbol{C}$，则每计算 $\boldsymbol{C}$ 的一个元素 C_{ij}，就需要做 n 次乘法和 $n-1$ 次加法。因此，计算出矩阵 $\boldsymbol{C}$ 的 n^2 个元素所需的计算时间复杂性为 $O(n^3)$。

1969 年，V.Strassen 采用类似于大整数乘法中采用过的分治策略设计出一个算法，将两个 n 阶方阵的乘积的时间复杂性降低到了 $O(n^{\log 7})$。

首先，假设 n 是 2 的方幂，可将 n 阶方阵 $\boldsymbol{A}$、$\boldsymbol{B}$ 和 $\boldsymbol{C}$ 都分成 4 个大小相等的子矩阵。由此可将方程 $\boldsymbol{C}=\boldsymbol{AB}$ 写为

$$\begin{bmatrix}\boldsymbol{C}_{11} & \boldsymbol{C}_{12}\\ \boldsymbol{C}_{21} & \boldsymbol{C}_{22}\end{bmatrix}=\begin{bmatrix}\boldsymbol{A}_{11} & \boldsymbol{A}_{12}\\ \boldsymbol{A}_{21} & \boldsymbol{A}_{22}\end{bmatrix}\begin{bmatrix}\boldsymbol{B}_{11} & \boldsymbol{B}_{12}\\ \boldsymbol{B}_{21} & \boldsymbol{B}_{22}\end{bmatrix}$$

可得

$$\boldsymbol{C}_{11}=\boldsymbol{A}_{11}\boldsymbol{B}_{11}+\boldsymbol{A}_{12}\boldsymbol{B}_{21}$$
$$\boldsymbol{C}_{12}=\boldsymbol{A}_{11}\boldsymbol{B}_{12}+\boldsymbol{A}_{12}\boldsymbol{B}_{22}$$
$$\boldsymbol{C}_{21}=\boldsymbol{A}_{21}\boldsymbol{B}_{11}+\boldsymbol{A}_{22}\boldsymbol{B}_{21}$$
$$\boldsymbol{C}_{22}=\boldsymbol{A}_{21}\boldsymbol{B}_{12}+\boldsymbol{A}_{22}\boldsymbol{B}_{22}$$

计算两个 n 阶方阵的乘积转化为 8 个 $n/2$ 阶方阵的乘法和 4 个 $n/2$ 阶方阵的加法，2 个 $n/2$ 阶方阵的加法显然可以在 $O(n^2)$时间内完成。因此，上述分治法的计算时间复杂函数 $T(n)$应满足：

$$T(n)=\begin{cases}O(1) & n=2\\ 8T(n/2)+O(n^2) & n>2\end{cases}$$

这个递归方程的解是 $T(n)=O(n^3)$，因此该方法并不比原始定义直接计算更有效。其中，最主要的原因是该方法并没有减少矩阵的乘法次数，且矩阵乘法的计算时间比矩阵相加多得多。因此，要想改进矩阵乘法的计算时间复杂度，必须减少乘法运算次数。

虽然上述方法没有降低时间复杂度，但却给了我们一个启示。1969 年，V.Strassen 发现了降低矩阵乘法时间复杂度的可能性。注意到，计算矩阵的加法比计算矩阵的乘法的时间复杂度具有较低的阶（前者为 n^2 阶，后者为 n^3 阶），而采用分块矩阵乘法时，既有矩阵加法又有矩阵乘法。如果能通过增加加法次数来减少乘法次数，则可能达到降低矩阵乘法的时间复杂度的目的。因此，他设计了一个算法用以计算两个 $n\times n$ 矩阵乘积中每一个元素 C_{ij}，其中共有 7 次乘法运算和 18 次加（减）法运算。

$$M_1=A_{11}(B_{12}-B_{22})$$
$$M_2=(A_{11}+A_{12})B_{22}$$
$$M_3=(A_{21}+A_{22})B_{11}$$
$$M_4=A_{22}(B_{21}-B_{11}) \qquad C_{11}=M_5+M_4-M_2+M_6$$
$$M_5=(A_{11}+A_{22})(B_{11}+B_{22}) \qquad C_{12}=M_1+M_2$$
$$M_6=(A_{12}-A_{22})(B_{21}+B_{22}) \qquad C_{21}=M_3+M_4$$
$$M_7=(A_{11}-A_{21})(B_{11}+B_{12}) \qquad C_{22}=M_5+M_1-M_3-M_7$$

经过上述改变，时间复杂度变为

$$T(n)=\begin{cases}O(1) & n=2\\ 7T(n/2)+O(n^2) & n>2\end{cases}$$

解此递归方程得

$$T(n)=O(n^{\log 7})=O(n^{2.81})$$

从所得的结果可以看出，Strassen 矩阵算法的时间复杂度依赖于 2×2 矩阵的乘积所需的乘法运算次数。然而，Hoperoft 和 Kerr 在 1971 年已经证明，计算 2×2 矩阵的乘积，7 次乘法运算是必要的。因而，降低矩阵乘法运算的时间复杂度应改用其他分块的阶数，如采用 3×3 或 5×5 的块等。目前，已知的最低的时间复杂度为 $O(n^{2.36})$。而目前所知道的矩阵乘法的最好下界仍是它的平凡下界 $\Omega(n^2)$。因此，到目前为止还无法确切知道矩阵乘法的时间复杂度。

Strassen 矩阵乘法采用的技巧也可以用于计算大整数的乘积，具体参看《计算机算法设计与分析（第 3 版）》（王晓东，电子工业出版社，2007）。

2.3.6 棋盘覆盖

棋盘覆盖问题：有一个 $2^k\times2^k$ 的方格棋盘，恰有一个方格是黑色的，其他方格是白色的；现需要用包含 3 个方格的 L 形骨牌覆盖所有白色方格，黑色方格不能覆盖，且任意一个白色方格不能同时被两个或更多个骨牌覆盖。图 2-7 所示为 L 形骨牌的 4 种旋转方式。

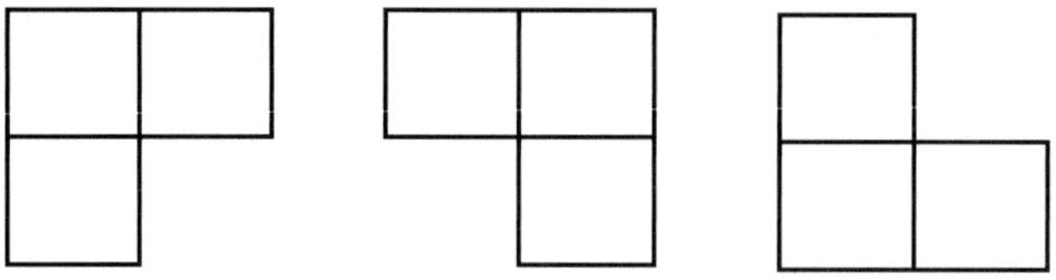

图 2-7 L 形骨牌的 4 种旋转方式

当 $k>0$ 时，将 $2^k\times2^k$ 的方格棋盘分割为 4 个 $2^{k-1}\times2^{k-1}$ 的子棋盘，如图 2-8（a）所示。在棋盘覆盖问题中，有一个特殊的方格，该特殊方格必位于 4 个较小子棋盘之一中，而其余 3 个子棋盘中无特殊方格，这种棋盘称为特殊棋盘。为了将 3 个无特殊方格的子棋盘转化为特殊棋盘，可以用一个 L 形骨牌覆盖这 3 个子棋盘的会合处（图 2-8（b）），这 3 个子棋盘被 L 形骨牌覆盖的方格就成为该棋盘上的特殊方格，从而将原问题转化为 4 个较小规模的棋盘覆盖问题，并递归地采用这种分割，直至棋盘简化为 1×1 的棋盘。

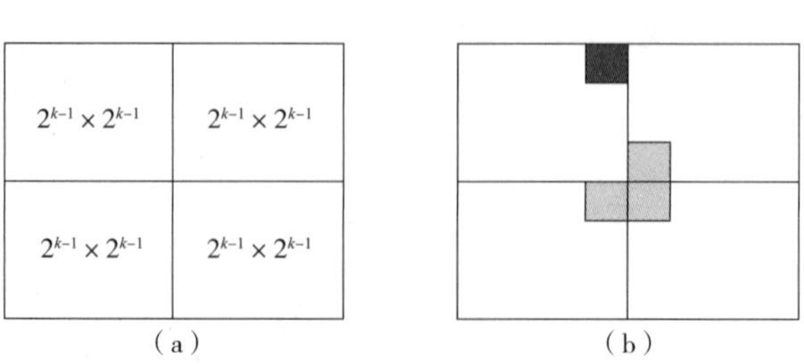

图 2-8 棋盘分割

采用分治策略，我们可以设计出求解棋盘覆盖问题的一个简洁的算法。实现这种分治策略的算法 ChessBoard 可描述如下。

```
void ChessBoard(int tr,int tc,int dr,int dc,int size)
{
    if(size==1)  return;
    int t=title++,  //L 形骨牌号
    s=size/2;  //分割棋盘

    //覆盖左上角子棋盘
    if(dr<tr+s && dc<tc+s)
      //特殊方格在此棋盘中
      ChessBoard(tr,tc,dr,dc,s);
    else  //此棋盘中无特殊方格
      //用 t 号 L 形骨牌覆盖右下角
      Board[tr+s-1][tc+s-1]=t;
      //覆盖其余方格
      ChessBoard(tr,tc,tr+s-1,tc+s-1,s);

    //覆盖右上角子棋盘
    if(dr<tr+s&&dc>=tc+s)
      //特殊方格在此棋盘中
      ChessBoard(tr,tc+s,dr,dc,s);
    else  //此棋盘中无特殊方格
      //用 t 号 L 形骨牌覆盖左下角
      Board[tr+s-1][tc+s]=t;
      //覆盖其余方格
      ChessBoard(tr,tc+s,tr+s-1,tc+s,s);

    //覆盖左下角子棋盘
    if(dr>=tr+s&&dc<tc+s)
      //特殊方格在此棋盘中
      ChessBoard(tr+s,tc,dr,dc,s);
    else  //此棋盘中无特殊方格
      //用 t 号 L 形骨牌覆盖右上角
      Board[tr+s][tc+s-1]=t;
      //覆盖其余方格
      ChessBoard(tr+s,tc,tr+s,tc+s-1,s);
```

```
        //覆盖右下角子棋盘
        if(dr>=tr+s&&dc>=tc+s)
          //特殊方格在此棋盘中
          ChessBoard(tr+s, tc+s, dr, dc, s);
        else  //此棋盘中无特殊方格
          //用 t 号 L 形骨牌覆盖左上角
          Board[tr+s][tc+s]=t;
          //覆盖其余方格
          ChessBoard(tr+s, tc+s, tr+s, tc+s, s);
    }
```

上述算法中,用一个二维整型数组 *Board* [ ][ ]表示棋盘，*Board* [0][0]是棋盘的左上角方格；*title* 是算法中的一个全局整型变量,用来表示 L 形骨牌的编号,其初始值为 0。算法的输入参数如下：

(1)*tr* 为棋盘左上角方格的行号；

(2)*tc* 为棋盘左上角方格的列号；

(3)*dr* 为特殊方格的行号；

(4)*dc* 为特殊方格的列号；

(5)$size=2^k$,表示棋盘规格为 $2^k \times 2^k$。

设 $T(k)$是算法 ChessBoard 覆盖一个 $2^k \times 2^k$ 棋盘所需的时间,则从算法的分治策略可知,$T(k)$满足如下递归方程：

$$T(k)=\begin{cases} O(1) & k=0 \\ 4T(k-1)+O(1) & k>1 \end{cases}$$

解此递归方程可得 $T(k)=O(4^k)$。由于覆盖一个 $2^k \times 2^k$ 棋盘所需的 L 形骨牌个数为 $(4^k-1)/3$,故算法 ChessBoard 是一个在渐进意义下的最优解。

2.3.7 循环赛日程表

设有 *n* 个运动员要进行网球循环赛,需要设计一个满足以下要求的比赛日程表：

(1)每个选手必须与其他 *n*−1 个选手各赛一次；

(2)每个选手一天能赛一次；

(3)当 *n* 是偶数时,循环赛进行 *n*−1 天,当 *n* 是奇数时,循环赛进行 *n* 天。

分析：对于一般的正整数 *n*,当 *n* 是奇数时,增设一个虚拟选手 *n*+1,将问题转换为 *n* 是偶数的情形,当选手与虚拟选手比赛时表示轮空,因此只关注 *n* 是偶数的情形即可。

当 *n*/2 为偶数时,与 $n=2^k$ 的情形类似,可采用分治法求解。

当 *n*/2 为奇数时,递归返回的轮空的比赛要做进一步处理。其中一种处理方法是在前 *n*/2 轮比赛中让轮空选手与下一个未参赛选手进行比赛。

一般情况下,分治策略的算法 tournament 可描述如下。

```
void tournament(int n)
{
    if(n==1)
    {
       a[1][1]=1;
       return;
    }
    if(odd(n))
    {
      tournament(n+1);
      return;
    }
    tournament(n/2);
    makecopy(n);
}
bool odd(int n)
{
    return n & 1;
}
```

其中,算法 makecopy 要区分 $n/2$ 为奇数或偶数的情形。

```
void makecopy(int n)
{
   if(n/2>1&&odd(n/2))  copyodd(n);
   else  copy(n);
}
```

算法 copyodd 实现 $n/2$ 为奇数时的复制。

```
void copyodd(int n)
{
    int m=n/2;
    for(int i=1;i<=m;i++)
    {
      b[i]=m+i;
      b[m+i]=b[i];
    }
    for(i=1;i<=m;i++)
```

```
        {
          for(int  j=1;j<=m+1;j++)
            {
            if(a[i][j]>m)
            {
               a[i][j]=b[i];
               a[m+i][j]=(b[i]+m)%n;
            }
            else a[m+i][j]=a[i][j]+m;
          }
          for(j=2;j<=m;j++)
          {
            a[i][m+j]=b[i+j-1];
            a[b[i+j-1]][m+j]=i
          }
        }
    }
```

用上述算法计算出的 n=10 的循环赛日程表见表 2-2。

表 2-2 分治法 *n*=10 的循环赛日程表

1	2	3	4	5	6	7	8	9	10
2	1	5	3	7	4	8	9	10	6
3	8	1	2	4	5	9	10	6	7
4	5	9	1	3	2	10	6	7	8
5	4	2	10	1	3	6	7	8	9
6	7	8	9	10	1	5	4	3	2
7	6	10	8	2	9	1	5	4	3
8	3	6	7	9	10	2	1	5	4
9	10	4	6	8	7	3	2	1	5
10	9	7	5	6	8	4	3	2	1

注:第 i 行第 j 列数字表示第 i 个选手在第 j 天比赛的选手序号。

2.4 快速傅里叶变换

傅里叶变换是以法国数学家傅里叶(Fourier)命名的积分变换,在物理学、数论、信号处理、概率论等领域都有广泛的应用。但是,其计算复杂性较高,直到 1965 年 J.W.Cooley 和 J.W.Tukey 提出利用分治策略的快速傅里叶变换方法后,计算速度大大提高,才使其应用变得更加广泛。在本节中,用 i 表示-1 的平方根,即 $i^2=-1$。

2.4.1 离散傅里叶变换

一个连续量的傅里叶变换定义为

$$F(z)=\int_{-\infty}^{+\infty} f(x)\mathrm{e}^{\mathrm{i}zx}\mathrm{d}x$$

根据欧拉公式

$$\mathrm{e}^{\mathrm{i}x}=\cos x+\mathrm{i}\sin x$$

可得

$$F(z)=\int_{-\infty}^{+\infty} f(x)\cos(zx)\mathrm{d}x+\mathrm{i}\int_{-\infty}^{+\infty} f(x)\sin(zx)\mathrm{d}x$$

为了解决傅里叶变换的数值计算问题,对于实变量 x,取 n 个互不相同的值 x_0, $x_1,\cdots$, x_{n-1},且满足

$$x_k=x_0+k\Delta x, k=0,1,2,\cdots,n-1$$

从而可以求出 n 个函数值 $p_i=f(x_i)(i=0,\ 1,\cdots,\ n-1)$,当 n 足够大,即 Δx 足够小时,向量 $[p_0,p_1,\cdots,p_{n-1}]$便能够足够近似地反映 $f(x)$的变化。

然后,根据 n 个函数值,利用公式

$$f_k=\sum_{j=0}^{n-1} p_j\left(\mathrm{e}^{\frac{2k\pi}{n}\mathrm{i}}\right)^j=\sum_{j=0}^{n-1} p_j(w^k)^j, k=0,1,\cdots,n-1 \tag{2-1}$$

可以求得一个复向量 $\boldsymbol{F}=\{f_0,\ f_1,\cdots,\ f_{n-1}\}$。式(2-1)称为离散傅里叶变换(Discrete Fourier Transform,DFT)。

式(2-1)可写为

$$\begin{pmatrix} f_0 \\ f_1 \\ f_2 \\ f_3 \\ \vdots \\ f_{n-1} \end{pmatrix}=\begin{pmatrix} 1 & 1 & 1 & 1 & \cdots & 1 \\ 1 & \omega & \omega^2 & \omega^3 & \cdots & \omega^{n-1} \\ 1 & \omega^2 & \omega^4 & \omega^6 & \cdots & \omega^{2(n-1)} \\ 1 & \omega^3 & \omega^6 & \omega^9 & \cdots & \omega^{3(n-1)} \\ \vdots & \vdots & \vdots & \vdots & \ddots & \vdots \\ 1 & \omega^{n-1} & \omega^{2(n-1)} & \omega^{3(n-1)} & \cdots & \omega^{(n-1)(n-1)} \end{pmatrix}\begin{pmatrix} p_0 \\ p_1 \\ p_2 \\ p_3 \\ \vdots \\ p_{n-1} \end{pmatrix}$$

或者

$$\boldsymbol{F}=\boldsymbol{F}_n\boldsymbol{P}$$

其中

$$\boldsymbol{F}=(f_0,f_1,f_2,f_3,\cdots,f_{n-1})^{\mathrm{T}}$$

$$\boldsymbol{P}=(p_0,p_1,p_2,p_3,\cdots,p_{n-1})^{\mathrm{T}}$$

$$
\boldsymbol{F}_n = \begin{pmatrix} 1 & 1 & 1 & 1 & \cdots & 1 \\ 1 & \omega & \omega^2 & \omega^3 & \cdots & \omega^{n-1} \\ 1 & \omega^2 & \omega^4 & \omega^6 & \cdots & \omega^{2(n-1)} \\ 1 & \omega^3 & \omega^6 & \omega^9 & \cdots & \omega^{3(n-1)} \\ \vdots & \vdots & \vdots & \vdots & \ddots & \vdots \\ 1 & \omega^{n-1} & \omega^{2(n-1)} & \omega^{3(n-1)} & \cdots & \omega^{(n-1)(n-1)} \end{pmatrix}
$$

$w^k = \mathrm{e}^{\frac{2k\pi}{n}\mathrm{i}}$ 称为单位元的主 n 次根，即 w^0，w^1，…，w^{n-1} 构成了 1 的 n 个不同的 n 次方根，w 具有以下两个性质。

性质 2-1 设 w 是 n 次单位元根（$n \geqslant 2$），对于不能被 n 整除的正整数 c，有

$$
\sum_{j=0}^{n-1} (w^c)^j = 0
$$

性质 2-2 设 w 是 n 次单位元根（$n \geqslant 2$），且 n 为偶数，那么

（1）w^2 是 $\frac{n}{2}$ 次单位元根；

（2）$w^{\frac{n}{2}} = -1$。

下面介绍利用定义计算 DFT 时的时间复杂性，若设 $x=w^k$，则由式（2-1）可得

$$
f_k = \sum_{j=0}^{n-1} p_j x^j = p_{n-1}x^{n-1} + p_{n-2}x^{n-2} + \cdots + p_1 x + p_0 \tag{2-2}
$$

显然有：

（1）由 w 计算 x，需要 $k-1$ 次乘法；

（2）用 Homer 方法计算式（2-2），需要 $n-1$ 次加减法和 $n-1$ 次乘法。

可见，计算 f_x 需要 $n-1$ 次加减法与 $n+k-2$ 次乘法，所以计算 DFT 需要

$$
\sum_{j=0}^{n-1} (n-1) = n(n-1)
$$

次加减法，并且需要

$$
\sum_{j=0}^{n-1} (n+k-2) = \frac{3n^2-5n}{2}
$$

次乘法，即其时间复杂性为 $O(n^2)$。

2.4.2 快速傅里叶变换

快速傅里叶变换（Fast Fourier Transform，FFT）利用单位元复根的性质，可以在 $O(n\log n)$ 时间内计算 DFT。为方便起见，假设 n 是 2 的方幂，且 $P(x)=f_k(k=0, 1, \cdots, n-1)$，则式（2-1）可写为

$$
P(x) = \sum_{j=0}^{n-1} p_j x^j = \sum_{j=0}^{\frac{n}{2}-1} p_{2j}x^{2j} + \sum_{j=0}^{\frac{n}{2}-1} p_{2j+1}x^{2j+1} = \sum_{j=0}^{\frac{n}{2}-1} p_{2j}x^{2j} + x\sum_{j=0}^{\frac{n}{2}-1} p_{2j+1}x^{2j} \tag{2-3}
$$

令

$$
P_{\mathrm{even}}(x) = \sum_{j=0}^{\frac{n}{2}-1} p_{2j}x^j
$$

$$P_{odd}(x)=\sum_{j=0}^{\frac{n}{2}-1} p_{2j+1}x^j$$

则有

$$\begin{cases}P(x)=P_{even}(x^2)+xP_{odd}(x^2)\\P(-x)=P_{even}(x^2)-xP_{odd}(x^2)\end{cases} \tag{2-4}$$

由于 $x=w^k$，所以求 $f_x(k=0,1,\cdots,n-1)$就是求 $P(x)$在

$$1,w,w^2,\cdots,w^{\frac{n}{2}-1},w^{\frac{n}{2}},w^{\frac{n}{2}+1},\cdots,w^{n-1}$$

这些点上的值。

注意到，$w=e^{\frac{2\pi i}{n}}$ 且 $w^{\frac{n}{2}}=-1$，因此也就是求 $P(x)$在

$$1,w,w^2,\cdots,w^{\frac{n}{2}-1},-1,-w,\cdots,-w^{\frac{n}{2}-1}$$

这些点上的值。

也就是求 $P(x)$和 $P(-x)$在

$$1,w,w^2,\cdots,w^{\frac{n}{2}-1}$$

这些点上的值。

根据式(2-4)，也就是求 $P_{even}(x)$和 $P_{odd}(x)$在

$$1,w^2,w^4,\cdots,w^{n-2}$$

这些点上的值。

根据性质 2-2，上述值都是单位元的 $\frac{n}{2}$ 次根。从而将计算 n 次多项式(2-3)的工作，转换为计算 $P_{even}(x)$和 $P_{odd}(x)$两个 $\frac{n}{2}$ 次多项式的工作。由于 $\frac{n}{2}$ 也是 2 的方幂，所以可以递归使用上述方法，直到转换为只需要计算在 1 上的值为止。

由此，可以给出计算 FFT 的递归算法。

算法 2-10　计算 FFT 的递归算法

输入：实向量 $P[0:n-1]$，$n=2^k$。

输出：复向量 $F[0:n-1]$。

```
void RFFT(P,k,m,F)
{  //对向量P进行FFT，求得复向量F
//初始时从m=1调用该算法，w为单位元的主n次根
    if(k==0) F[0]=P[0];
    else
    {
        for(i=0;i<2^(k-1);i++)
        {
            PEven[i]=P[2*i];
```

```
            POdd[i]=P[2*i+1];
        }
        RFFT(PEven,k-1,2m,FEven);
        RFFT(POdd,k-1,2m,FOdd);
        for(i=0;i<2^(k-1);i++)
        {
          XPOdd=w^(mi)* FOdd[i];
          F[i]= FEven[i]+XPOdd;
          F[2^(k-1)+i]= FEven[i]-XPOdd;
        }
    }
}
```

下面分析算法 2-10 的复杂性。假设 $M(k)$、$A(k)$和 $S(k)$分别表示利用算法 2-10 计算 $n=2^k$ 维向量的 DFT 时所需要的乘法运算、加法运算和减法运算的次数。根据式(2-4),计算一个 n 维的 DFT,可化简为计算 2 个 $\frac{n}{2}=2^{k-1}$ 维的 DFT 即 $P_{\text{even}}(x)$和 $P_{\text{odd}}(x)$,并且在利用 $P_{\text{even}}(x)$和 $P_{\text{odd}}(x)$计算 $P(x)$时需要增加加法、减法运算各一次。注意到,$P_{\text{even}}(x)$和 $P_{\text{odd}}(x)$各有 2^{k-1} 个分量,所以

$$M(k)=2M(k-1)+2^{k-1}$$
$$A(k)=2A(k-1)+2^{k-1}$$
$$S(k)=2S(k-1)+2^{k-1}$$

显然,当 $k=0$,即 $n=1$ 时,$M(0)=A(0)=S(0)=0$,利用以上 3 个递推关系,可以求得

$$M(k)=A(k)=S(k)=\frac{n}{2}\log n$$

即其复杂性为 $O(n\log n)$。

在前面已经提到,使用递归方法需要大量额外的空间和时间,从而降低了算法的效率,所以有必要给出 FFT 的非递归即迭代算法。下面先看一个例子。

例 2-10 求向量 $\boldsymbol{P}=(p_0,p_1,\cdots,p_{15})^{\mathrm{T}}$ 的 DFT。

显然,此处 $n=16=2^4$,$w=\mathrm{e}^{\frac{2\pi i}{16}}=\mathrm{e}^{\frac{\pi i}{8}}$,记 $x=w^k(k=0,1,\cdots,15)$,则计算该向量 DFT 的分解过程如图 2-9 所示。

图 2-9 所示多项式的分解树是一棵二叉树。如果某节点是一个 2^k-1 次多项式 $P(x)$,则其左子节点为 $P_{\text{even}}(x)$,右子节点为 $P_{\text{odd}}(x)$,且均为 $2^{k-1}-1$ 次多项式。从图 2-9 可以看出,经过 4 次分解之后,16 个树叶节点构成了向量 $\boldsymbol{P}$ 的 16 个分量的一个排列。根据这个排列,可以实现自底向上的非递归计算。所以,非递归算法的关键就在于对于一个给定的向量,确定分解之后的排列次序。

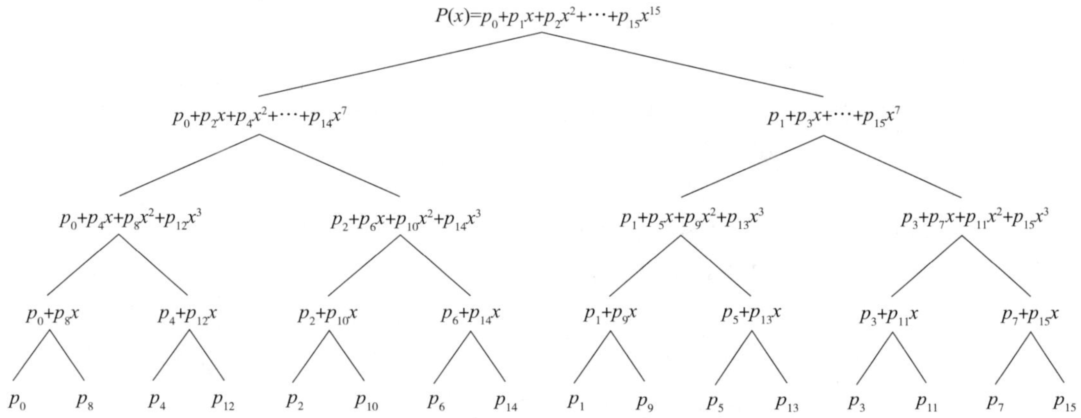

图 2-9 递归计算向量 DFT 的分解过程

设 $n=2^k$，向量 $\boldsymbol{P}=(p_0,p_1,\cdots,p_{n-1})^{\mathrm{T}}$ 的 DFT 多项式分解树最底层各分量的排列为

$$p_{\pi_k(0)},p_{\pi_k(1)},\cdots,p_{\pi_k(n-1)} \tag{2-5}$$

其中，$\pi_k(t)\in\{0,1,\cdots,n-1\}(t=0,1,\cdots,n-1)$，当 $t\neq t'$ 时，$\pi_{k(t)}\neq\pi_{k(t')}$。显然

$$\begin{pmatrix} 0 & 1 & \cdots & n-1 \\ \pi_{k(0)} & \pi_{k(1)} & \cdots & \pi_{k(n-1)} \end{pmatrix}$$

是一个 n 阶置换。

设 t 的二进制数为 $b_0b_1\cdots b_{k-1}$，其中 $b_i\in\{0,1\}(i=0,1,\cdots,k-1)$，将 $b_{k-1}b_{k-2}\cdots b_1b_0$ 称为 t 的二进制逆序，记为 $Rev_k(t)$。如 7 的二进制数为 0111，其逆序即为 1110，即十进制数 14，所以 $Rev_k(7)=14$。可以证明，若 $n=2^k$，则 n 维向量 $\boldsymbol{P}=(p_0,p_1,\cdots,p_{n-1})^{\mathrm{T}}$ 的 DFT 多项式分解树最底层各分量的排列式（2-5）满足：

$$\pi_k(t)=Rev_k(t),t=0,1,\cdots,n-1$$

再看图 2-5 的分解树，其中每一层都需要计算 $16=2^4$ 个值，由于在第 l 层（l=0，1，2，3，4）上有 2^l 个节点，即有 2^l 个多项式，所以每个多项式都需要在 2^{4-l} 次单位根上求值。推广到一般情况，若 $n=2^m$，在算法中用 l（l=0，1，…，m）表示层数，N 表示在第 l 层上每个节点要计算的数值的数目，用 F 数组存放计算结果，t 为一个特定节点上所有值的第一个下标，k 为每层的节点数，也用于计算 $x=w^k$。下面给出 FFT 的非递归算法。

算法 2-11 计算 FFT 的非递归算法

输入：实向量 $P[0:n-1]$，$n=2^m$，w 是单位元的 n 次方根。

输出：复向量 $F[0:n-1]$。

```
void IFFT(P,n,m)
{  //初始时,F 为第 m-1 层上的值
    for(t=0;t<n-1;t+=2)
    {
        F[t]=P[Revm(t)]+ P[Revm(t+1)];
```

```
            F[t+1]=P[Revm(t)]-P[Revm(t+1)];
        }
        //在现在的每一层上，求每个多项式在一些点上的值
        k=n/2;N=2;  //初始时，k 和 N 是第 m-1 层的参数值
        for(l=m-2;l>=0;l--)
        {  //从第 m-2 层计算到第 0 层即根节点
            k=k/2;  //第 l 层的节点数为第 l-1 层的一半
            N=2*N;  //第 l 层的每个节点计算数值的数目为第 l-1 层的两倍
            for(t=0;t<=(2^l-1)*N;t+=N)
            {
                for(j=0;j<N/2;j++)
                {
                    XPOdd=w^kj*F[t+N/2+j];
                    F[t+N/2+j]=F[t+j]-XPOdd;
                    F[t+j]=F[t+j]+XPOdd;
                }
            }
        }
    }
```

该算法的复杂性较易分析。其中，第一个 for 循环共循环 $\frac{n}{2}$ 次，每次需要进行 1 次加法和 1 次减法运算，因此共需要 $\frac{n}{2}$ 次加法和 $\frac{n}{2}$ 次减法运算；而第二个 for 循环为三重循环，最外层循环 l 从 $m-2$ 循环到 0，第二层循环要执行 21 次，最内层循环执行 $\frac{N}{2}$ 次，最内层的循环体内执行乘法、加法和减法运算各 1 次，由于 $N=\frac{n}{k}=2^{m-l}$，因此该循环需要进行每种运算的次数为

$$\sum_{l=0}^{m-2}2^l\frac{N}{2}=\sum_{l=0}^{m-2}2^l2^{m-l-1}=\sum_{l=0}^{m-2}2^{m-1}=(m-1)2^{m-1}=\frac{n}{2}\log\frac{n}{2}$$

可见，该方法的时间复杂性为 $O(n\log n)$。需要指出的是，此处未将计算 $Rev_m(t)$ 的时间考虑在内，请读者设计一个计算 $Rev_m(t)$ 的算法，并重新分析其复杂性。

2.5　减治法

减治法（Decrease and Conquer）的基本思想是通过建立原问题实例的解和同样问题较小实例的解的关系并利用这种关系，从顶至下（递归地）或从底至上（非递归地）解决问题。减治法本质上是简化的分治法，其通常有以下 3 种形式。

（1）消去一个常量：每次算法迭代总是从原问题规模中减去一个规模相同的常量（一般为 1）。插入排序即属于该种方法。

（2）减去一个常数因子：从原问题的规模中减去一个相同的常数因子，该因子为 2。

（3）减去可变规模：规模减小的模式都是不同的，如计算最大公约数的辗转相除法。

下面介绍被称为俄罗斯农夫法的乘法算法，该方法又被称为俄式乘法。假定需要求 m 和 n 的乘积，显然有

$$mn=\begin{cases}\dfrac{m}{2}2n & m\text{是偶数}\\ \dfrac{m-1}{2}2n+n & m\text{是奇数}\end{cases}$$

以 $1\times n=n$ 作为终止条件。

例如，要求 39 和 79 的乘积，俄式算法的运行过程如图 2-10 所示。

39	79	←
19	158	←
9	316	←
4	632	
2	1264	
1	2528	←

图 2-10 俄式算法的运行过程

由右列数字中挑出所对应的左列数字为奇数者（图 2-10 中箭头所指），再把这些数字加起来，这个和就是所要的答案，即 $39\times79=79+158+316+2\,528=3\,081$。

由于该方法只用到了折半、加倍和相加几个简单的操作，利用硬件实现是非常快的，因为使用移位操作就可以完成二进制的折半和加倍操作。

2.6 变治法

变治法（Transform and Conquer）的基本思想是将同样的问题变成一个简单、方便的实例，或者变换同样实例的不同表现，或者变换为另一个问题的实例。变治法可分为两个阶段；第一个阶段是“变”，即将原问题变换为更容易求解的实例或者形式；第二个阶段是“治”，即将转换后的问题进行求解，从而得到原问题的解。其中，第一个阶段的思想通常有以下 3 种：

（1）变换为同样问题的一个更简单或者更方便的实例，称为实例化；

（2）变换为同样实例的不同表现，称为改变表现；

（3）变换为另一个问题的实例，且转换后问题的求解算法是已知的，称为问题化简。

为了在排序过程中既保存中间比较结果，减少后面的比较次数，又不占用大量的附加存

储空间，使排序算法具有较好的性能，Willioms 和 Floyd 在 1964 年提出了堆排序算法。堆排序技术属于变治法中改变表现技术的应用。

假设 A 是一个线性有序的元素集合，T 是一棵深度为 d 的二叉树，T 中的节点与 A 中的元素一一对应。当且仅当 T 满足以下条件时称为一个堆：

（1）除第 d-1 层的最右边内节点可能只有一个子节点（如果只有一个，则必须为左子节点）外，二叉树中所有内节点均有 2 个子节点，所有的叶子节点均在相邻的两层上；

（2）任何一个节点对应的元素值不小于其每个子节点（如果有的话）的元素值。

实质上，第一个条件保证了堆是一棵完全二叉树。另外，有的文献将这种堆称为最大堆（Max-heap），如果将第二个条件中的“不小于”改为“不大于”，则满足条件的堆称为最小堆（Min-heap）。如图 2-11 所示便是一个最大堆，以下所提到的堆均指最大堆。

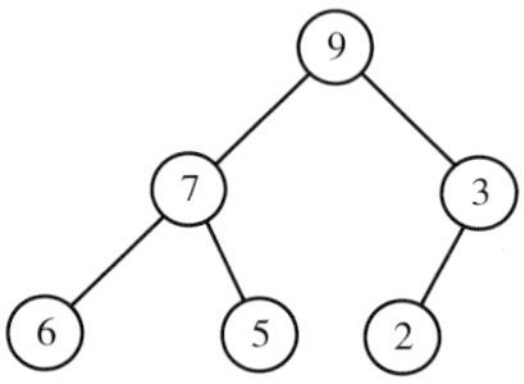

图 2-11　一个最大堆

如果对堆中的节点从 1 开始按照自上而下、从左向右的顺序进行编号，则一个堆具有以下性质。

（1）从任意一个节点到叶子节点的路径中，所有节点对应的元素值按照递减顺序排列。

（2）有 n 个节点的堆，其高度 $d=\lfloor \log n \rfloor$。

（3）有 n 个节点的堆，对任意一个节点 i（$1 \leqslant i \leqslant n$），有以下结论。

①若 $i \neq 1$，则 i 的父节点为 $\left\lfloor \dfrac{i}{2} \right\rfloor$；若 $i=1$，则 i 是根节点。

②若 $2i=n$，则 i 只有一个左子节点 n；若 $2i>n$，则 i 是叶子节点；若 $2i<n$，则 i 的左子节点为 $2i$，右子节点为 $2i+1$。

可以发现，这些性质保证堆在存储时，不必像一般的二叉树那样使用复杂的数据结构进行存储，完全可以存储为一个线性结构（如数组）。同时，由于堆的根节点代表数组中的最大元素，因此不断将根节点对应的元素去除，并将剩余节点构成一个堆，如此重复便可以获得一个有序数组。

具体而言，堆排序的基本思想是先将待排序的序列（假设包含 n 个元素）构成一个堆，而后将根节点对应的元素与最末尾元素交换位置，再把剩余的 n-1 个元素重新构成一个堆，并将这个堆的根节点对应的元素与次末尾元素交换位置，重复此过程，直到堆中只有一个节点为止。

因此，需要首先考虑如何将一个序列构建为一个堆，有两种方法可以实现这一过程，即自顶向下的构造方法和自底向上的构造方法。

自顶向下的构造方法的基本思想是首先将待排序的序列构成一棵完全二叉树，然后从编号最大的内节点开始逐渐“堆化”。对于内节点 i（假设其对应的元素值为 K），检查 i 及其子节点是否满足堆的要求，如果不满足，则选择 i 的子节点中对应的最大元素值，并与 K 进行交换，而后检查 K 在新位置上是否满足堆的要求，如果不满足则继续上述过程，直到满足堆的要求为止（由于叶子节点肯定满足堆的要求，因此此过程必然能够结束）。此后，对编号为 i-1 的内节点进行堆化，直到根节点被堆化为止。算法 2-12 利用这个思想实现了堆排序。

算法 2-12　自顶向下的堆构造方法实现堆排序

输入：待排序的数组 $A[0:n-1]$。

输出：排好序的数组 $A[0:n-1]$。

```
void ShiftDown(int A[],int n ,int k)
{
    v=A[k];  //选定 R 节点
    j=k+k+1;  //选定 R 的左子节点
    while(j<n)
    {
        if(j<n-1&&A[j]<A[j+1])   ++j;  //若左子节点小，则转为右子节点
        if(v<A[j])
        {//若当前节点小于其较大的子节点，则该节点下沉
            A[(j-1)/2] =A[j];
            j=j+j+1;
            A[(j-1)/2] = v;
        }
        else break;
    }
}
void HeapSort(int A[],int n)
{
    for(k=(n-1)/2;k>=0;k--)
        ShiftDown(A,n,k);  //自顶向下构造大根堆
    for(k=n-1;k>=0;k--)  //不断从大根堆堆顶取出元素
    {
        Swap(A[0],A[n-1]);
        n--;
        ShiftDown(A,n-1,0);
    }
}
```

上述算法中的 ShiftDown(A,n,k)用于将数组 $A[0: n-1]$中以 $A[k]$为根节点的子树构成一个堆；HeapSort(A,n)实现堆排序，其中的第一个 for 循环首先将 A 构成一个堆，而后在第二个

for 循环内进行堆排序。每次交换数组的首末元素之后，只需要调用 ShiftDown($A,n-1,0$)将以 $A[0]$为根节点的树构成堆。此外，需要注意数组下标是从 0 开始的。

自底向上的构造方法的基本思想是将一个新的元素 K 插入一个预先构造好的堆中（初始时，该堆为空），插入的方法是首先将 K 插入当前堆的最后一个叶子节点后面，然后将 K 与其父节点进行比较，如果不满足堆的性质，即 K 比其父节点对应的元素值大，则交换 K 与其父节点对应的值，或者达到根节点位置。

图 2-12 所示为使用自底向上的方法构造堆的过程，而图 2-13 所示为使用自顶向下的方法构造堆的过程，它们处理的数组都是{2,7,6,5,8}。

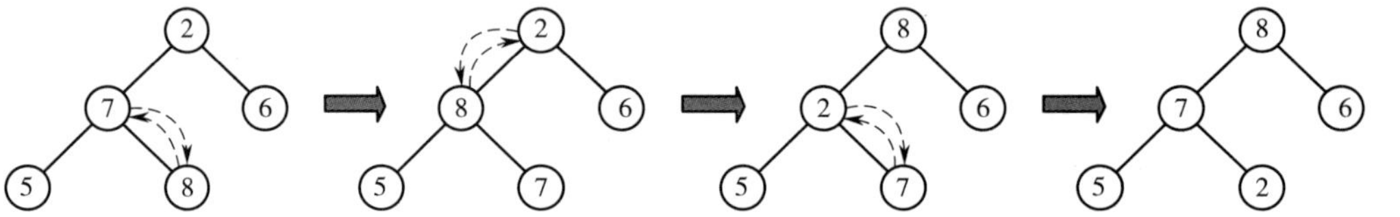

图 2-12　自底向上的堆构造方法

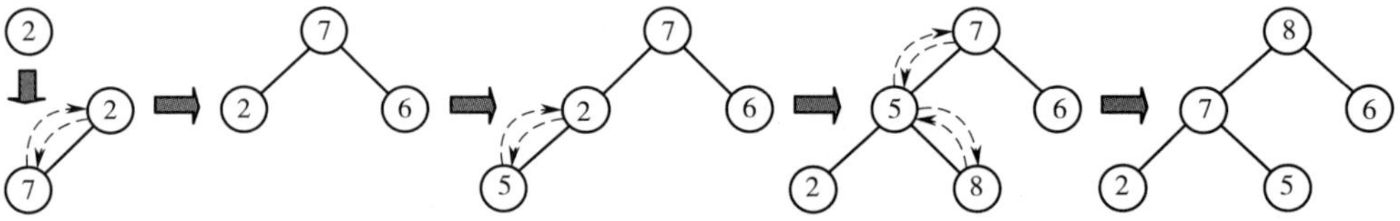

图 2-13　自顶向下的堆构造方法

下面分析堆排序方法的最坏时间复杂度。显然，对以 k 为根节点的子树进行堆化的操作，不会超过该子树的高度 d，而对于由 n 个元素构成的堆，深度为 d 的子树最多有 $n/2^d$，假设深度为 d 的子树堆化需要 cd（其中 c 为常数）次操作，那么将一个数组构成堆的过程需要

$$\sum_{d=1}^{\left\lfloor \frac{n}{2} \right\rfloor} cd\frac{n}{2^d} \leqslant cn\sum_{d=1}^{n}\frac{d}{2^d} = O(n)$$

次操作，此即 HeapSort 第一个 for 循环所需操作的次数。在 HeapSort 第二个 for 循环中，只需将根元素与末尾元素交换，并将整个树重新堆化（即调用 ShiftDown($A,n-1,0$)），此时对于 m 个元素构成的堆，ShiftDown($A,m,0$)共需循环$\lfloor \log n \rfloor$次，所以第二个 for 循环共有

$$O\left(\sum_{m=1}^{n}\lfloor \log m \rfloor\right) = O(n\log n)$$

次操作。因此，堆排序算法的最坏时间复杂度为 $O(n\log n)$。

本章小结

本章主要介绍了分治的思想以及如何使用这种思想解决问题。分治法的设计思想是将一个难以直接解决的大问题分割成一些规模较小的相同问题，以便各个击破、分而治之。分治法的步骤：①分解（Divide），即将原问题分解成一系列子问题；②解决（Conquer），即递归地求解各个子问题，若子问题足够小，则直接求解；③合并（Combine），即将子问题的解合并成原问题的解。最后给出了经典的基于分治策略的实例。二分查找、合并排序等经典算法均需要掌握其思想，并给出了减治法与变治法以补充分治算法的思想。

经典面试题及案例分析习题

Part 1 分治（共 18 题，其中前 8 题和大厂原题为必做题）

[Part 1 分治]二维码

上机练习

上机实验一 分治实验-题解

[上机实验一]二维码

历史上的《孙子兵法》和《韩非子》中记载的秦朝合纵连横的军事策略就应用了分治思想。通过将递归和分治结合，完成实验任务时认识到生活中各种问题也可层层深入，但要知道退出的边界条件，从而有效解决每个问题。

- 目的：
  - 理解递归与分治策略的基本思想，熟练掌握使用分治策略进行算法设计的基本步骤和技巧；
  - 应用分治思想解决实际问题。
- 要求：
  - 提交实验报告，报告内容包括实验目的、实验内容、实验步骤、实验结果及分析；
  - 讲解实验内容，锻炼表达及沟通能力。
- 内容：
  - 六题中任选其一完成。

第一题（基础）

题目描述：植树问题。

已知某校成立植树小组在植树节植树，先采用顺序存储结构存放每个成员的植树情况，采用归并排序（或快速排序）按植树的数量值非递减有序排列，然后输入植树数量采用二分搜索查询，如果查找成功，则显示该条记录所在的位置、查找次数和基本信息（专业、学号、学生姓名）及植树数量，否则显示查找失败。

输入输出要求：表的内容由用户输入，输出显示未排序的表和排序后的表。

例如：输入数据如下。

软件专业：

18160235	吴东	19
18160304	李丽	12
18160112	王达	18

计算机专业：

18260123	董倩	14
18260302	李大	11
18260122	陈曦	13

排序前输出显示如下。

软件专业：

18160235	吴东	19
18160304	李丽	12
18160112	王达	18

计算机专业：

18260123	董倩	14
18260302	李大	11
18260122	陈曦	13

排序后输出显示如下。

专业	学号	姓名	植树数
计算机	18260302	李大	11
软件	18160304	李丽	12
计算机	18260122	陈曦	13
计算机	18260123	董倩	14
软件	18160112	王达	18
软件	18160235	吴东	19

输入：要查找植树数目为 13 的人。

输出：该生排名在第 3 位，查找 1 次成功，结果为“计算机　18260122　陈曦　13”。

第二题（基础）

题目描述：循环赛日程表的设计。

设计一个满足以下要求的比赛日程表（$n=2^k$）：

（1）每个选手必须与其他 $n-1$ 个选手各赛一次；

（2）每个选手一天只能赛一次；

（3）循环赛一共进行 $n-1$ 天。

要求：输入选手的数量，需要进行有效性检查，满足 $n=2^k$ 条件，以矩阵形式输出循环赛日程表。

输出：

1	2	3	4	5	6	7	8
2	1	4	3	6	5	8	7
3	4	1	2	7	8	5	6
4	3	2	1	8	7	6	5
[illegible]	6	7	8	1	2	3	4
[illegible]	5	8	7	2	1	4	3
[illegible]	8	5	6	3	4	1	2
[illegible]	7	6	5	4	3	2	1

第三题(稍难)

题目描述

爱与愁大神在这家目标店买了 $2x$ 份礼物,打算分给班级同学。其中,有 x 份黑礼品,x 份白礼品,$2x+2$ 个空礼盒。一开始这 $2x$ 份礼品排成一行放在左边 $2x$ 个空礼盒上,黑礼品在左边,白礼品在右边,最右边有两个空礼盒。现在爱与愁大神要把这 $2x$ 个礼品移成黑白相间的一排。由于无聊,于是他定了个规矩:每次必须同时移动相邻的两个礼品,颜色不限,可以左移也可以右移到空礼盒上去,但不能调换两个礼品的左右位置。每次移动必须跳过若干个礼盒(不能平移),最后弄成黑白相间的一行礼品。他这个规矩难倒了自己,你能帮爱与愁大神出出主意吗?

输入格式

只有 1 行:x。

输出格式

若干行:第 i 行为步骤 $i-2$(1 代表黑礼品,2 代表白礼品,0 代表空礼盒)。

注意:step 0 不计入总数,最后 1 行为总数。

第四题(简单)

题目描述

从前,有一对感情破裂的兄弟。为了拯救他们之间的感情,兄弟两人每个人都准备了一些对于他们来说可以拯救他们之间感情的数字,这些数字可以拯救他们的感情吗?(若在两个列表中分别存在一个数,它们的和为 10 000,则我们认为这些数字可以拯救他们之间的感情。)你的程序应该决定,是否有可能从两个整数列表中选择这样两个数字,来拯救他们的感情。

输入

每堆数(共 2 堆)的输入格式如下:

每堆数的第一行包含一个整数 N($1 \leqslant N \leqslant 50\,000$),表示当前列表中的数字的个数;接下来 N 行,每一行包含一个整数 A($-32\,767 \leqslant A \leqslant 32\,767$)。

输入数据保证:第一堆数按照升序排列,第二堆数按照降序排列。

输出

如果能找到符合要求的两个数,就输出“YES”,否则输出“NO”。

第五题（中等）

题目描述

自从到了南蛮之地，孔明不仅把孟获收拾得服服帖帖，而且还发现了不少少数民族的智慧，他发现少数民族的图腾往往有一种分形的效果，在得到了酋长的传授后，孔明掌握了不少绘图技术，但唯独不会画他们的图腾，于是他找上了你帮忙，你能做到吗？

输入格式

每个数据一个数字，表示图腾的大小（此大小非彼大小）$n \leqslant 10$。

输出格式

这个大小的图腾 $n=2$。

```
   /\
  /__\
 /\  /\
/__\/__\
```

第六题（中等）

题目描述

相传在一个古老的阿拉伯国家里有一座宫殿，宫殿里有个四四方方的格子迷宫，国王选择驸马的方法非常特殊，也非常简单：公主就站在其中一个方格子上，只要谁能用地毯将除公主站立的地方外的所有地方盖上，美丽、聪慧的公主就是他的人了。公主这一个方格不能用地毯盖住，毯子的形状有所规定，只能有如下四种选择：

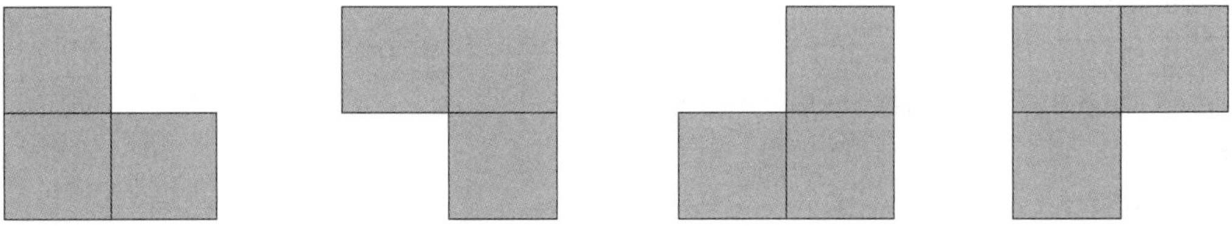

1　　2　　3　　4

并且每一个方格只能有一层地毯，迷宫的大小为 $2^k \times 2^k$ 的方形。当然，也不能让公主无限制地在那儿等，对吧？

输入格式

输入文件共 2 行。

第一行：k，即给定被填补迷宫的大小为 $2^k \times 2^k$（$1<k \leqslant 10$）；

第二行：x　y，即给出公主所在方格的坐标（x 为行坐标，y 为列坐标），x 和 y 之间有一个空格隔开。

输出格式

将迷宫填补完整的方案：每一补（行）为 x　y　c（x 和 y 为毯子拐角的行坐标和列坐标，c 为使用毯子的形状，毯子形状具体见上面的图，分别用 1、2、3、4 表示，x、y、c 之间用一个空格隔开）。

第3章　贪心算法

教学目标：

通过本章的学习，了解贪心法的基本要素；掌握贪心策略的基本思想；掌握使用贪心策略解决一些经典问题的基本步骤和技巧。

本章要点【在学会的前面打钩】：

☐　贪心算法的概念及如何选取贪心标准

☐　贪心算法的基本要素（最优子结构性质、贪心选择性质）

☐　贪心算法与动态规划算法的差异

☐　通过范例学习贪心策略的设计技巧

3.1 贪心算法基本思想及基本要素

3.1.1 贪心算法的定义及特点

当我们总考虑将当前的利益最大化时，有可能会被认为是一个贪心的人，如果一个算法不从全局考虑，而总是考虑当前的最优解，我们称之为贪心算法。贪心算法，也称贪婪算法，它是指在对问题求解时，总是做出在当前看来最好的选择。也就是说，贪心算法不从整体最优解加以考虑，它所做出的是在某种意义上的局部最优解。贪心算法不是对所有问题都能得到整体最优解，其关键是贪心策略的选择，选择的贪心策略必须具备无后效性，即某个状态以前的过程不会影响以后的状态，只与当前状态有关。

当然，我们也希望贪心算法得到的最终结果也是整体最优解。虽然贪心算法不能对所有问题都得到整体最优解，但对许多问题它能产生整体最优解。在一些情况下，即使贪心算法不能得到整体最优解，但其最终结果却非常接近整体最优解。

贪心算法的特点是通过做局部最优（贪心）选择来得到全局最优解。使用贪心算法时，通常采用自顶向下的方法求解，每一步都做最贪心的选择，使原问题变为一个相似的、规模更小的问题。相对于其他算法来说，贪心算法不仅简单，而且能够更加快速地解决问题，在运行过程中无回溯过程，每一步都是当前的最佳选择。

3.1.2 贪心算法的基本思想

当一个问题具有最优子结构时，可以用动态规划方法求解，但有时还可以使用更简单有效的算法解决。下面介绍找零钱问题，即假如售货员需要找给顾客 67 美分的零钱，现在售货员手中只有 25 美分、10 美分、5 美分和 1 美分的硬币，在顾客的催促下，售货员想尽快将钱找给顾客。她的做法是先找不大于 67 美分的最大面额硬币即 25 美分硬币，再找不大于 67-25=42 美分的最大面额硬币即 25 美分硬币，再找不大于 42-25=17 美分的最大面额硬币即 10 美分硬币，再找不大于 17-10=7 美分的最大面额硬币即 5 美分硬币，最后找两个 1 美分硬币。至此，售货员共找给顾客 6 枚硬币。售货员的原则是以尽可能少的硬币个数找给顾客。从另一个角度来看，如果售货员将所需的硬币逐一放在手中，最后一起交给顾客，那么售货员想使自己手中的钱数增加得尽量快些，则每一次都尽可能地挑面额大的硬币。这种找硬币的方法就是贪心算法。

找零钱问题本身具有最优子结构性质，可以用动态规划来求解，但我们看到采用贪心算法更简单、更直接有效且解题效率更高。贪心算法的基本思想并不是从整体最优加以考虑，而总是做出在当前看来最好的选择，即所做出的选择只是在某种意义上的局部最优选择。因此，贪心策略并不能对所有问题都得出最优解，但我们却希望贪心算法得到的最终结果也是整体最优解。幸运的是，贪心策略对范围相当广的许多问题都能产生整体最优解，如单源最短路径问题、最小生成树问题等。而一般情况下，即使贪心策略对某些问题不能得到最优解，但其最终结果却是最优解的很好的近似解。

贪心算法是一种思路非常直观的算法设计技术。该算法可用于求解具有以下两个特征的一类问题:有多个输入和一组约束条件。满足约束条件的任意一组输入称为问题的一组可行解;使目标函数达到最大或最小(根据实际问题的要求)的可行解称为最优解。贪心算法求解的问题,其目标往往是求最优解。

贪心算法的基本思路是分步进行,每步考察一个输入,输入值的确定是在满足约束条件的前提下保证取得局部最优解。贪心算法能否取得全局最优解,关键在于能否找到从局部最优导致全局最优的“贪心策略”。

3.1.3 贪心证明

以活动安排问题为例,该问题要求高效地安排一系列争用某一公共资源的活动。贪心算法提供了一个简单、便捷的方法,使尽可能多的活动能够兼容地使用公共资源。

已知活动集合 $E=\{1,2,\cdots,n\}$ 中的 n 个活动要求使用同一资源,第 k 个活动要求的开始和结束时间分别为 s_k 和 f_k,其中 $s_k<f_k$, $k=1, 2,\cdots, n$。如果 $s_k>f_j$ 或者 $s_j>f_k$,则活动 k 与活动 j 称为相容的。活动安排问题就是要在所给的活动集合中选出最大的相容活动子集。解决这个问题的基本思路是在安排活动时应该将结束时间早的活动尽量往前安排,以便给后面的活动安排留出更多的空间,从而达到安排最多活动的目标。据此,其贪心标准应当是在未安排的活动中挑选结束时间最早的活动来安排。在贪心算法中,将各项活动的开始时间和结束时间分别用两个数组 s 和 f 存储,并使数组中元素的顺序按结束时间非降序排列,即 $f_1\leqslant f_2\leqslant\cdots\leqslant f_n$。

活动安排贪心算法伪码如下:

```
Void GreedyAction(Type s[1],Type f[],int n, bool A[])
//s[1:n]、f[1:n]分别代表 n 项活动的起始时间和结束时间,
//并且满足 f[1]≤ f[2]≤...≤ f[n]
{
    A[1]=true;
    j=1;solution={1};  //解向量初始化为空集
    for i from 2 to n do
        if si>=fj then
            solution=solution U{i};  //将 i 加入解中
            j=i;
        end if
    end for
    return(solution);
    end Greedy
}
```

算法 GreedyAction 的效率极高。当输入的活动已按结束时间非降序排列时,算法只需 $\theta(n)$ 的时间安排 n 个活动,使最多的活动能相容地使用公共资源。

例 3-1 设待安排的 11 个活动的开始时间和结束时间按结束时间的非降序排列，见表 3-1。

表 3-1 例 3-1 的 *n* 个活动排列

k	1	2	3	4	5	6	7	8	9	10	11
$s[k]$	1√	3	0	5√	3	5	6	8√	8	2	12√
$f[k]$	4	5	6	7	8	9	10	11	12	13	14

算法 GreedyAction 的计算过程如图 3-1 所示。

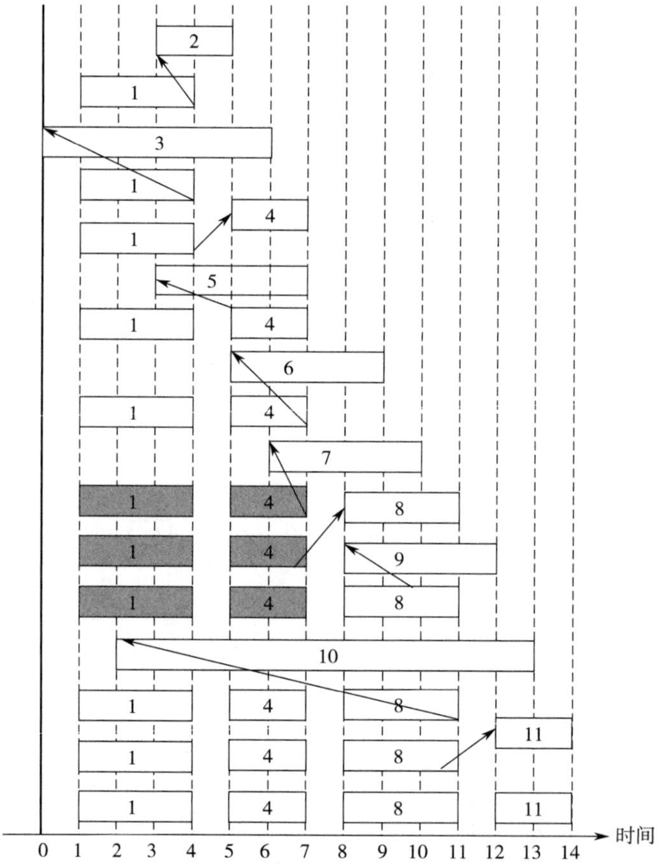

图 3-1 算法 GreedyAction 的计算过程

图 3-1 中每一行对应算法的一次迭代，阴影长条的活动表示已选入集合 A 的活动，而空白长条的活动表示当前正在检查其相容性的活动，若被检查的活动 k 的开始时间 s_k 小于最近选择的活动 j 的结束时间 f_j，则不选择活动 k，否则选择活动 k 加入集合 A。

根据算法，我们首先选择结束时间最早的活动作为第一个活动，第一个活动为活动 1；然后选择开始时间大于第一个活动的结束时间的活动，而且该活动的结束时间要求最早，显然是活动 4；同理，再寻找开始时间晚于活动 4 的结束时间且结束时间最早的活动，一直到无活动可选为止，结果见表 3-2。

表 3-2 例 3-1 的活动安排

k	1	2	3	4	5	6	7	8	9	10	11
$s[k]$	1	3	0	5	3	5	6	8	8	2	12
$f[k]$	4	5	6	7	8	9	10	11	12	13	14
顺序	1			2				3			4

由此可得解集合为{1,4,8,11}，容易证明算法 GreedyAction 所得到的解是最优解。

贪心算法并不总能求得问题的整体最优解。但对于活动安排问题，贪心算法 GreedyAction 却总能求得整体最优解，即它最终所确定的相容活动集合 A 的规模最大。这个结论可以用数学归纳法证明。

设 $E=\{1, 2, \cdots, n\}$为所给的活动集合，由于 E 中各活动按结束时间的非降序排列，故活动 1 具有最早完成时间。首先，证明活动安排问题有一个最优解，并以贪心选择开始，即该最优解中包含活动 1。设 $A\subseteq E$ 是所给的活动安排问题的一个最优解，且 A 中活动也按结束时间的非降序排列，A 中的第一个活动是活动 k。其中，若 $k=1$，则 A 就是一个以贪心选择开始的最优解；若 $k>1$，则设 $B=A-\{k\}\cup\{1\}$。由于 $f_1\leqslant f_k$ 且 A 中活动是相容的，故 B 中的活动也是相容的。又由于 B 中活动个数与 A 中活动个数相同，且 A 是最优的，故 B 也是最优的。也就是说，B 是以贪心选择活动 1 开始的最优活动安排。由此可见，总存在以贪心选择开始的最优活动安排方案。

其次，在做了贪心选择，即选择活动 1 后，原问题就简化为对 E 中所有与活动 1 相容的活动进行活动安排的子问题，即若 A 是原问题的最优解，则 $A'=A-\{1\}$是活动安排问题 $E'=\{i\in E: s_i\geqslant f_1\}$的最优解。事实上，如果能找到 E' 的一个解 B'，且它包含比 A' 更多的活动，则将活动 1 加入 B' 中将产生 E 的一个解 B，且它包含比 A 更多的活动。这与 A 的最优性矛盾。因此，每一步所做的贪心选择都将问题简化为一个更小的与原问题具有相同形式的子问题，采用数学归纳法可知贪心选择次数，贪心算法 GreedyAction 最终产生原问题的最优解。

3.1.4 贪心算法的基本要素

通过上述活动安排问题的分析，我们知道贪心算法是通过一系列的选择得到一个问题的解，它所做的每一个选择都是当前状态下某种意义的最好选择，即贪心选择。希望通过每次所做的贪心选择使最终结果是问题的一个最优解。虽然这种启发式的策略并不总能奏效，然而在许多情况下能达到预期的目的。下面我们着重讨论可以采用贪心算法求解的问题的一般特征。

对于一个具体的问题，我们怎么知道是否可以采用贪心算法来求解此问题，以及能否得到此问题的一个最优解呢？这两个问题很难给予肯定的回答。但是，从许多可以用贪心算法求解的问题中我们看到它们一般具有两个重要的性质：贪心选择性质和最优子结构性质。

1. 贪心选择性质

所谓贪心选择性质，是指所求问题的整体最优解可以通过一系列局部最优的选择，即贪心选择来达到。这是贪心算法可行的第一个基本要素，也是贪心算法与动态规划算法的主要区别。在动态规划算法中，每步所做的选择往往依赖于相关子问题的解，因而只有在解出相关子问题后，才能做出选择。而在贪心算法中，仅在当前状态下做出最好选择，即局部最优选择，然后再去解做出这个选择后产生的相应的子问题。贪心算法所做的贪心选择可以依赖于以往所做过的选择，但绝不依赖于将来所做的选择，也不依赖于子问题的解。正是由于这种差别，动态规划算法通常以自底向上的方式解各子问题，而贪心算法则通常以自顶向下的方式求解，以迭代的方式做出相继的贪心选择，每做一次贪心选择就将所求问题简化为一个规模更小的子问题。

对于一个具体问题，要确定它是否具有贪心选择性质，我们必须证明每一步所做的贪心选择是否最终导致问题的一个整体最优解。通常可以采用我们在分析活动安排问题的贪心选择性质时所采用的方法来分析。首先考察问题的一个整体最优解，并证明可修改这个最优解，使其以贪心选择开始；而且做了贪心选择后，原问题会简化为一个规模更小的类似子问题。然后，采用数学归纳法证明，通过每一步做贪心选择，最终可得到问题的一个整体最优解。其中，证明贪心选择后的问题会简化为规模更小的类似子问题的关键在于利用该问题的最优子结构性质。

2. 最优子结构性质

当一个问题的最优解包含它的子问题的最优解时，称此问题具有最优子结构性质。问题所具有的最优子结构性质是该问题可采用动态规划算法或贪心算法求解的一个关键特征。在活动安排问题中，其最优子结构性质表现为若 A 是对于 E 的活动安排问题包含活动 1 的一个最优解，则相容活动集合 $A'=A-\{1\}$ 是对 $E'=\{i \in E: s_i \geqslant f_1\}$ 的活动安排问题的一个最优解。

3.2 贪心算法实例

3.2.1 0–1 背包问题

若共有 n 种物品要装入一个背包中，背包的容积为 M，每种物品的体积为 w_i，每种物品的价值为 v_i，确定如何装这些物品才能获得最大的价值。

（1）用一个向量（$x_1, x_2, \cdots, x_n$）表示背包所装的物品情况，且 $x_i \in \{0,1\}$，$i=1,2,\cdots,n$。

（2）约束条件：

$$\begin{cases} \sum_{i=1}^{n} w_i x_i \leqslant M \\ x_i \in \{0,1\}, i=1,2,\cdots,n \end{cases}$$

（3）目标函数：

$$\max \sum_{i=1}^{n} v_i x_i$$

采用贪心算法,可考虑以下几种原则:

(1)每次挑体积最小的物品装;

(2)每次挑价值最大的物品装;

(3)每次装包时既考虑物品的体积又考虑物品的价值,也就是说每次挑单位价值最大的物品装。

按原则(1)来装只考虑多装些物品,但由于单位价值未必高,总价值不一定能达到最大;按原则(2)来装每次选择的价值最大,但同时也可能占用较大的空间,而装的物品少,也未必能达到总价值最大;原则(3)则比较合理。事实上,按照原则(3)来装,确实能够达到总价值最大。

下面利用贪心算法按以下四个步骤解决背包问题。

1. 贪心策略

每次装包时既考虑物品的体积又考虑物品的价值,也就是说每次挑单位价值最大的物品装。

2. 数据及结构设计

首先设置价值数组 p 与体积数组 w;然后计算出各物品的单位价值,且以上两个数组元素的排列顺序是 $p[i]/w[i] \geqslant p[i+1]/w[i+1]$;最后依次挑单位价值最大的物品装包,直至背包装满,使得背包内物品的价值最大。

3. 算法设计

```
//0-1 背包问题贪心算法
GreedyKnapsack(p,w,M,x,n)  //p[1:n]为价值数组、w[1:n]为体积数组,
//它们元素的排列顺序是 p[i]/w[i] > =p[i+1]/w[i+1];M 是背包容量,x 是解向量
   real p[1:n],w[1:n],x[1:n],M,rc;
   integer i, n;
   x=0;  //将解向量初始化为零
   rc=M;  //将背包剩余容量初始化为 M
   for i from 1 to n do
       if w[i] > rc then exit
       end if
       x[i]=1;rc=rc-w[i];
   end for
   if i < = n then
      x[i]=rc/w[i];
   end if
end GreedyKnapsack
```

4. 算法复杂度分析

因为排序的时间复杂度为 $O(n\log n)$，循环的时间复杂度为 $O(n)$，所以总的时间复杂度为 $O(n\log n)$。

定理 3-1 如果 $p[1]/w[2]\geqslant p[2]/w[2]\geqslant\cdots\geqslant p[n]/w[n]$，则 GreedyKnapsack 对于给定的 0-1 背包问题实例生成一个最优解。

证明 设 $\boldsymbol{x}=(x_1, x_2, \cdots, x_n)$是 GreedyKnapsack 所生成的解向量，但不是最优解，因而必有某个 x_i 不为 1，不妨设 x_j 是第一个这样的分量。于是，当 $1\leqslant i<j$ 时，$x_i=1$；当 $j<i\leqslant n$ 时，$x_i=0$；当 $i=j$ 时，$0\leqslant x_i<1$。

因为 $\boldsymbol{x}$ 不是最优解向量，则存在解向量 $\boldsymbol{y}=(y_1, y_2, \cdots, y_n)$，使得 $\sum p_iy_i>\sum p_ix_i$，不妨假定 $\sum x_iw_i=M$。设 k 是使 $y_k\neq x_k$ 的最小下标，则 $y_k<x_k$。这是因为当 $k<j$ 时，$x_k=1$，上述不等式自然成立；当 $k\geqslant j$ 时，由于 $x_1=y_1$，$x_2=y_2, \cdots, x_{k-1}=y_{k-1}$，当 $k<i\leqslant n$ 时，$x_i=0$，所以由 $y_k>x_k$ 可推出 $\sum w_iy_i>\sum w_ix_i=M$，$\boldsymbol{y}$ 不是解向量，与前矛盾。现在取新的向量 $\boldsymbol{z}=(z_1, z_2, \cdots, z_n)$满足 $z_1=y_1, z_2=y_2, \cdots, z_{k-1}=y_{k-1}, z_k=x_k, 0\leqslant z_{k+1}\leqslant y_{k+1}, \cdots, 0\leqslant z_n\leqslant y_n$，而且

$$\sum_{k+1\leqslant i\leqslant n} w_i(y_i-z_i)=w_k(z_k-y_k)$$

这样的向量 $\boldsymbol{z}$ 是存在的，而且是 0-1 背包问题的解，因为

$$\begin{aligned}\sum_{1\leqslant i\leqslant n} w_iz_i &= \sum_{1\leqslant i\leqslant k-1} w_iy_i+w_kz_k+\sum_{k+1\leqslant i\leqslant n} w_iz_i\\ &=\sum_{1\leqslant i\leqslant k-1} w_iy_i+\sum_{k\leqslant i\leqslant n} w_iy_i\\ &=\sum_{1\leqslant i\leqslant n} w_iy_i\leqslant M\end{aligned}$$

至此，我们找到一个新的解向量 $\boldsymbol{z}$。下面证明它的总价值不小于 $\boldsymbol{y}$ 的总价值：

$$\begin{aligned}\sum_{1\leqslant i\leqslant n} p_iz_i &=\sum_{1\leqslant i\leqslant n} p_iy_i+(z_k-y_k)w_kp_k/w_k-\sum_{k+1\leqslant i\leqslant n}(y_i-z_i)w_ip_i/w_i\\ &\geqslant\sum_{1\leqslant i\leqslant n} p_iy_i+\left[(z_k-y_k)w_k-\sum_{k+1\leqslant i\leqslant n}(y_i-z_i)w_i\right]p_k/w_k\\ &=\sum_{1\leqslant i\leqslant n} p_iy_i\end{aligned}$$

上式中间的不等式是由于当 $i>k$ 时有 $p_k/w_k\geqslant p_i/w_i$ 而得。但 $\boldsymbol{z}$ 与 $\boldsymbol{x}$ 的不同分量的个数比 $\boldsymbol{y}$ 与 $\boldsymbol{x}$ 的不同分量的个数至少减少一个。以 $\boldsymbol{z}$ 代替 $\boldsymbol{y}$ 进行上面的讨论，我们又可以找到新的解向量 $\boldsymbol{z}'$，如此等等，由于分量的个数 n 有限，必然会到某一步停止，我们则能找到解向量 $\boldsymbol{y}^*$，它和 $\boldsymbol{x}$ 有相同的分量，与 $\boldsymbol{y}$ 又有相同的总价值（大于 $\boldsymbol{x}$ 的总价值），与前矛盾。这个矛盾源于 $\boldsymbol{x}$ 不是最优解的假设，故 $\boldsymbol{x}$ 是最优解。

实际上，贪心算法主要用于处理优化问题，每个优化问题都是由目标函数和约束条件组成的。满足约束条件的解称为可行解，而那些使目标函数取极值的可行解称为最优解。如 0-1 背包问题就是一个优化问题。贪心算法在每一步的决策中虽然没有完全顾及问题的整体优化，但在局部择优中是朝着整体优化的方向发展的。因此，贪心算法首先要确定一个度量准则，其每一步都是按这个准则选取优化方案。如 0-1 背包问题的贪心准则是选取单位价值最大的物品，而找零钱问题的贪心准则是选取面额最大的硬币。对于一个给定的问题，

初看往往有若干种贪心准则可选，但实际上其中的多数都不能使贪心算法达到问题的最优解。如关于 0-1 背包问题的实例，即 $n=3$，$M=20$，$p=(25,24,15)$，$w=(18,15,10)$，如果以价值最大为贪心准则，则贪心算法的执行过程如下：首先考虑将物品 1 装包，此时获得的效益值为 25，背包的剩余容量为 2；然后考虑将物品 2 装包，但物品 2 的体积 15 超出背包的剩余容量，只能装入该物品的 2/15，此时获得的总效益值为 25+24 × 2/15=28.2。这样得到的可行解（1，2/15，0）并不是最优解。事实上，如果以单位价值最大为贪心准则，则贪心算法的执行过程如下：首先计算出各物品的单位价值为(25/18，24/15，15/10)=(1.389，1.6，1.5)；然后考虑单位价值最大的物品装包，即将物品 2 装包，此时获得的效益值为 24，背包的剩余容量为 5；最后考虑装物品 3，由于物品 3 的体积超出背包的剩余容量，只能装入该物品的 5/10=1/2，至此背包已经装满，所获得的总效益值为 24+15/2=31.5。这比前面装法的效益值大。实践证明，选择能产生最优解的贪心准则是设计贪心算法的核心问题。下面给出贪心算法流程的伪码。

```
//贪心算法抽象化控制流程
Greedy(A,n)  //A[1:n]代表输入
   solution={};  //解向量初始化为空集
    for i from 1 to n do
      x=Select(A);
      if Feasible(solution,x) then
        solution=Union(solution,x);
      end if
    end for
   return(solution);
end Greedy
```

这里 Select(*A*)是按照贪心准则选取 *A* 中的输入项；Feasible(*solution*, *x*)是判断已知的解的部分，即 *solution* 与新选取的 *x* 的结合 Union(*solution*,*x*)是否是可行解。Greedy 描述了用贪心策略设计算法的主要工作和基本控制流程。一旦给出一个特定的问题，就可将 Select，Feasible 和 Union 具体化并付诸实现。

3.2.2 最优装载问题

有一批集装箱要装上一艘载重量为 c 的轮船，其中集装箱 i 的重量为 w_i。最优装载问题要求在装载体积不受限制的情况下，将尽可能多的集装箱装上轮船。

该问题可形式化地描述为

$$\begin{cases}\max\sum_{i=1}^{n}x_i\\ \sum_{i=1}^{n}w_ix_i\leqslant c\\ x_i\in\{0,1\},\mathrm{i}=1,2,\cdots,n\end{cases}$$

其中，变量 $x_i=0$ 表示不装入集装箱 i，$x_i=1$ 表示装入集装箱 i。

设集装箱已依其重量按从小到大排序，$(x_1,x_2,\cdots,x_n)$是最优装载问题的一个最优解。又设 $k=\min\limits_{1\le i\le n}\{i|x_i=1\}$，则易知如果给定的最优装载问题有解，则 $1\le k\le n$。

（1）当 $k=1$ 时，$(x_1,x_2,\cdots,x_n)$是一个满足贪心选择性质的最优解。

（2）当 $k>1$ 时，取 $y_1=1, y_k=0, y_i=x_i, i=2,3,\cdots,n$, 且$i\ne k$, 则

$$\sum_{i=1}^{n} w_i y_i = w_1 - w_k + \sum_{i=2}^{n} w_i x_i \le \sum_{i=2}^{n} w_i x_i \le c$$

因此，$(y_1,y_2,\cdots,y_n)$ 是所给最优装载问题的可行解。

另外，由 $\sum\limits_{i=1}^{n} y_i = \sum\limits_{i=1}^{n} x_i$ 可知，$(y_1,y_2,\cdots,y_n)$ 是满足贪心选择性质的最优解。所以，最优装载问题具有贪心选择性质。设$(x_1,x_2,\cdots,x_n)$是最优装载问题的满足贪心选择性质的最优解，则易知 $x_1=1$，$(x_2,x_3,\cdots,x_n)$ 是轮船载重量为 $c-w_1$，待装船集装箱为$\{2, 3,\cdots, n\}$时相应最优装载问题的最优解。也就是说，最优装载问题具有最优子结构性质。

下面利用贪心算法按以下四个步骤解决最优装载问题。

1. 贪心策略

最优装载问题可采用贪心算法求解，采用重量最轻者先装的贪心选择策略，可产生最优装载问题的最优解。

2. 数据及结构设计

首先用数组表示每个集装箱的重量，并将集装箱按照重量的非降序排列；然后依次从剩下的集装箱中选择重量最轻的装船，直到所有集装箱均装上船或船上不能再容纳任何一个集装箱为止。

3. 算法设计

```
template<class Type >
void Loading(int x[], Type w[], Type c, int n)
{
    int *t= new int [n+1];
    Sort(w,t,n);
    for(int i= 1;i<= n;i++)
       x[i]= 0;
    for (int i= 1;i<= n&& w[t[i]]<=c;i++)
        x[t[i]]= 1;c- = w[t[i]];
}
```

4. 算法复杂度分析

算法 Loading 的主要计算量是将集装箱按重量从小到大排序，故该算法所需的计算时间为 $O(n\log n)$。

3.2.3 活动安排问题(带限期作业安排问题)

简单的活动安排问题在 3.1 节中的贪心证明已经给出，这里不再详细介绍。将活动排序问题加上效益条件，即为下面的单机作业排序问题。为使问题简化，我们假定完成每项作业的时间都是一样的，如都是 1。

已知作业集合 $E=\{1,2,\cdots,n\}$ 中的 n 项作业要求使用同一台机器完成，而且每项作业需要的时间都是 1，第 k 项作业要求在时间 f_k 之前完成，而且完成该项作业将获得效益 p_k ($k=1,2,\cdots,n$)。如果作业集合 E 中的作业可以安排由一台机器完成(该台机器在同一时刻至多完成一个作业)，则称其子集是相容的，带限期作业安排问题就是要在所给的作业集合中选出总效益值最大的相容子集。这个问题可以看作活动安排问题的推广，作业 i 的起始时间为 $0 \leqslant s_i \leqslant f_{i-1}$，而活动安排问题中的效益值可以认为全是 1。因此，很容易想到贪心准则应该是尽量选取效益值最大的作业安排。但由于起始时间是一个区间，可以将后面考虑的作业插到前面安排时剩余的空闲时间段中，这是不同的地方。

下面利用贪心算法按以下步骤解决带期限作业活动安排问题。

1. 贪心策略

选择具有最早完成时间的相容活动加入相容集合中，使剩余的可安排时间段极大化，以便安排尽可能多的相容活动。

2. 数据及结构设计

假设 a 是 $J\backslash I$ 中具有最大效益值的作业，于是 J 中比 a 具有更多效益值的作业都应该在 I 中。对于任何元素 $b \in I\backslash J$，我们有 $p_a \geqslant p_b$；否则，由 $p_a < p_b$ 可推出 $b \in J$，因为按照算法 GreedyJob，b 将先于 a 被考虑是否应该加入 J 中。而 J 中那些效益值比 a 效益值大的作业也允许将 b 加入 J 中，因为它们在 I 中是相容的。

3. 算法设计

```
//带限期作业安排的贪心算法伪码
GreedyJob(f,p,n)  //f[1:n]和 p[1:n]分别代表各项作业的限期和效益值，而且 n
//项作业的排序满足 p1≥p2≥…≥pn
  local J;
  J={1};
  for i from 2 to n do
    if J ∪ {i}then
       J =J ∪ {i};  //将 i 加入解中
    end if
  end for
end GreedyJob
```

定理 3-2 算法 GreedyJob 对于作业安排问题总是得到最优解。

证明 假设贪心算法所选择的作业集合 J 不是最优解，则一定有相容的作业子集 I 产生更大的效益值，并假定 I 是具有最大效益值的相容作业子集中使得 $I \cap J$ 最大者。由于算法 GreedyJob 的特性和假定 I 产生的效益值比 J 产生的效益值更大，所以 I 和 J 这两个作业集之间没有包含关系。

如果用 S_I 和 S_J 分别表示对应于 I 和 J 的调度表，并且 $i\in I\cap J$，i 项作业在 S_J 和 S_I 中分别属于时间段 $[t, t+1]$ 和 $[t', t'+1]$。若 $t<t'$，则在 S_J 中将 i 项作业与 S_J 在时间段 $[t', t'+1]$ 内排序的作业（如果有的话）交换，这样得到的调度表 S_J' 还是相容的；可同样讨论 $t>t'$ 的情形。由此，我们可以假设 $I\cap J$ 中的作业在 S_I 和 S_J 中有相同的排序时间表。现在假设排序时间表 S_J 中，作业 a 被安排在时间段 $[t_a, t_{a+1}]$ 中，则排序时间表 S_I 一定有某个作业 $b\in I\backslash J$ 被安排在时间段 $[t_a, t_{a+1}]$ 中。不然，在排序时间表 S_I 中，时间段 $[t_a, t_{a+1}]$ 空闲，将作业 a 安排在这个时间段调度，将会得到效益值更大的相容作业子集，这与 I 的假设矛盾。现在将 S_I 中的时间段 $[t_a,t_{a+1}]$ 换成调度作业 a，则得到新的相容作业子集 $I'=(I\backslash\{b\})\cup\{a\}$。显然，$I'$ 的效益值不低于 I 的效益值，但 $I'\cap J$ 比 $I\cap J$ 的元素至少少一个，与前面的假设矛盾。证毕。

在上述算法中，每次新的作业 i 加入之前，都要做一次判断，实际上是检查在 $[0, 1]$，$[1, 2]$，…，$[f_{i-1}, f_i]$ 中是否还有空闲的时间段。若有，则选择其中之一安排作业 i；否则，作业 i 将被搁置。实现这一判断的方法有两种。

第一种方法是基于问题的，即每项作业都是在单位时间内完成的，因此只要关注截止期限的不增序列是否可以插入其他的作业期限即可。假设已经安排的作业期限已经按递增的顺序排好，即 $D(j_1)\leqslant D(j_2)\leqslant\cdots\leqslant D(j_k)$，当且仅当满足下述两个条件时，下一个具有期限的作业可以插入 $D(j_q)\leqslant D(j_{q+1})$：

（1）$\max\{D(j_q),q+1\}\leqslant D(i)$；

（2）$D(i)<D(j_{q+1})$，$D(j_l)>l$，$q<l\leqslant k$。

按这个准则，可得到算法 GreedyInsertJob。

```
  //带限期作业的贪心插入算法
  GreedyInsertJob(D, J, n, k)  // D(1), … , D(n)是期限值。
  //作业已按效益值 p_i 的不增顺序排列。J[i]是最优解中第 i 个作业终止时被选中
//的作业按期限值的不减次序排列,D[J[i]]≤ D[J[i+1]], 1≤ i <k
  integer D[0:n],J[0:n], i, k, n, r;
  D[0]=J[0]=0;  //初始化
  k=1;J[1]=1;  //初始记入作业
  for i from 2 to n do
      r=k;
      while D[J[r]]>D[i] && D[[r]] ≠ r do
         r=r-1;
         end while
      if D[J[r]]<=D[i]&& D[i]>r then  //把作业 i 插入 j
      for i from k by -1 to r+1 do
        J[i+1]=J[i];
      endfor
```

```
        J[r+1]=I; k=k+1;
        end if
    end for
    end GreedyInsertJob
```

4. 算法复杂度分析

不难算出第一种方法的时间复杂度为 $O(n^2)$。值得注意的是,其中大部分时间都浪费在插入作业时移动已经被选定的作业的操作上。为了规避这个问题,我们可以在挑选作业时就做“适当的安排”,即使被考虑的作业尽量地向后安排,这就引出第二种方法。

如果 J 是作业的可行子集(已经被选定的作业),那么可以使用下述规则来确定这些作业中的每一个作业的处理时间:若还没有给作业 i 分配处理时间,则分配给它的时间段为 $[\alpha-1, \alpha]$,其中 α 应尽量取大且使时间段 $[\alpha-1, \alpha]$ 是空的。为实现这种算法,我们引入集合的不相交并运算 Union(i,j)和寻找元素 i 所属集合的程序 Find(i)。这里采用集合的树表示,根 k 代表它所在的集合, Union(i,j)是将以 i 为根的树所代表的集合与以 j 为根的树所代表的集合合并成一个新的集合,新集合的树的根是 i 或 j,依据它们所在的集合的元素多少而定(在此,我们取多者)。因此,对每个集合都有一个统计该集合元素个数的计数器,一般是采取减的方法,空集的初始计数器值为 0,每添加一个元素该集合的计数器值减 1。

设有 n 个带期限的作业需要安排, $b=\min\{n,\max\{D[1],\cdots,D[n]\}\}$,我们只需考虑时间段 $[1, 2]$, $[2, 3]$,$\cdots$, $[b-1, b]$,为叙述方便,再加进时间段 $[0, 1]$,考虑集合 $U=\{[0, 1], [1, 2], [2, 3],\cdots, [b-1, b]\}$的子集。为简便起见,用 k 来表示时间段 $[k, k+1]$。考虑的初始子集有 $b+1$ 个,它们分别是这 $b+1$ 个元素构成的单元素子集 $\{k\}$,代表它的树的根为 $F(k)=k$,元素个数计数器值为 $P(k)=-1$。

```
//带期限作业的快速安排算法
GreedyTreeJob(D, n, b, J, k)
//找最优解 J={J[1],J[2],…,J[k]},假定 p1≥p2≥…≥pn,b=min{n,max{D[1],…,D[n]}}
integer b, D[n],J[n],F[0:b],P[0,b];
    for i from 0 to n do
        F[i]=I;P[i]=-1;  //将树初始化
    end for
    k=0;  //初始化 J
    for i=1 to n do  //开始使用贪心准则
        j=Find(min{n,D[i]});
            if F[j] ≠ 0 then
                k=k+1;J[k]=I;  //选择作业 i
                s=Find(F[j]-1);
                F[j]=F[s];
```

```
            t=Union(s, j);p[t]=P[s]+P[j];
         end if
     end for
end GreedyTreeJob
```

3.2.4 最小生成树问题

考虑无向图 $G=(V,E)$，不妨假定该图代表城市间的交通情况，顶点代表城市，边代表连接两个城市的可能的交通线路。现在将每条边赋予一个权值，这些权值代表建造该条线路的成本、交通线的长度或其他信息，从而得到一个赋权图。在实际问题中，人们往往希望在结构上选择一组交通线，它们能连接所有的城市并且具有最小的建造总成本。这个问题相当于求取连通赋权图的具有最小权值的生成树，我们称之为最小生成树。下面给出它的正式定义。

定义 3-1 连通图的一棵生成树（spanning tree）是包含图的所有顶点的连通无环子图（也就是一棵树）。加权连通图的一棵最小生成树（minimum spanning tree）是该图的一棵权重最小的生成树，其中树的权重（weight）定义为所有边的权重总和。最小生成树问题（minimum spanning tree problem）就是求一个给定的加权连通图的最小生成树。

如果试图用一种穷举查找算法来构造一棵最小生成树，那么会遇到两个严重的障碍：首先，随着图的规模的增大，生成树的数量呈指数增加（至少稠密图是如此）；其次，生成一个给定图的所有生成树也并非易事。实际上，这比用一些高效的算法来求加权图的最小生成树还要困难，而贪心算法可以很好地解决此类问题。下面我们介绍两种算法：Prim 算法和 Kruskal 算法。

1. Prim 算法

设 $G=(V, E)$是连通赋权图，$V=\{1, 2, \cdots, n\}$。构造 G 的最小生成树的 Prim 算法的基本思想是首先置 $S=\{1\}$，然后只要 S 是 V 的真子集，就做如下贪心选择，即选取满足条件 $i\in S$，$j\in V-S$，且 $c[i][j]$是最小的边，并将顶点 j 添加到 S 中，且这个过程一直进行到 $S=V$ 时为止。在这个过程中选取的所有边恰好构成 G 的一棵最小生成树。算法描述如下：

```
void Prim(int n,Type ** c)
{
    T=∅;
    S= {1};
    while(s!=v)
    {
       (i,j)=i∈S 且 j∈V-S 的最小权边;
       T=T ∪ {(i,j)};
       S= S ∪ {j};
    }
}
```

算法结束时，T 中包含 G 的 $n-1$ 条边。利用最小生成树性质和数学归纳法容易证明，上述算法中的边集合 T 始终包含 G 的某棵最小生成树中的边。因此，在算法结束时，T 中的所有边构成 G 的一棵最小生成树。

例如，对于图 3-2 所示的连通赋权图，按 Prim 算法选边的过程如图 3-3 所示。

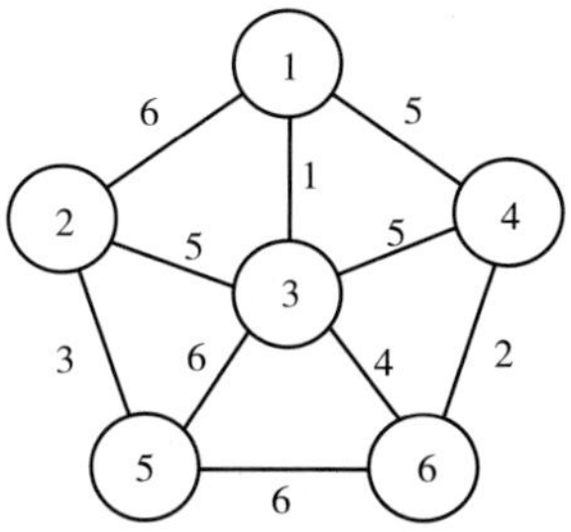

图 3-2 连通赋权图

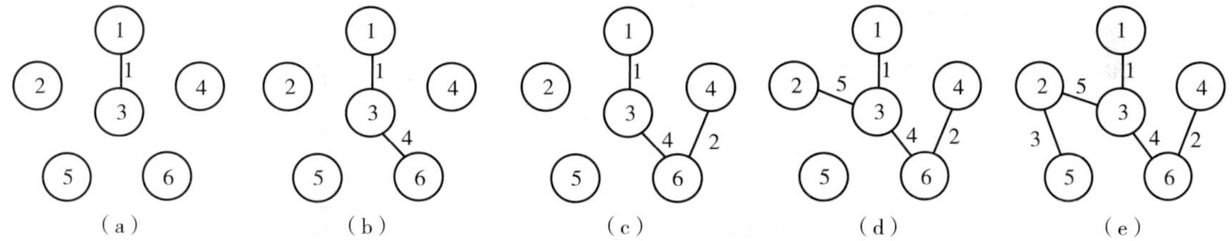

图 3-3 Prim 算法的选边过程

在上述 Prim 算法中，还应当考虑如何有效地找出满足条件 $i \in S$，$j \in V-S$，且权 $c[i][j]$ 最小的边(i,j)。实现这个目的的较简单的方法是设置两个数组 *closest* 和 *lowcost*，对于每一个 $j \in V-S$，*closest*[*j*]是 j 在 S 中的邻接顶点，它与 j 在 S 中的其他邻接顶点 k 相比较有 $c[j][closest[j]] \le c[j][k]$，*lowcost*[*i*]的值就是 $c[j][closest[j]]$。

在 Prim 算法执行过程中，先找出 $V-S$ 中使 *lowcost* 值最小的顶点 j，然后根据数组 *closest* 选取边(j，*closest*[*j*])，最后将 j 添加到 S 中，并对 *closest* 和 *lowcost* 做必要的修改。

下面我们介绍使用贪心算法实现 Prim 算法的一般步骤。

1）贪心策略

采用逐个点连通的方式构造最小生成树。

2）数据及结构设计

Prim 算法的基本思想是将整个连通图分成两部分，其中一部分已选入生成树，另一部分在生成树之外，而每次选的边要求一头在生成树之内，一头在生成树之外，并保证当前边是满足上述条件的边中最短的一条边，重复上述操作，直到选出 $n-1$ 条边为止，如图 3-4 所示。

（1）选择连通图 G 的一条权值最小的边 e_1。

（2）假设 G 的一棵子树 T 已经确定。

（3）选择 G 的不在 T 中的具有最小权值的边 e，使 $T \cup \{e\}$ 仍是 G 的一棵子树。

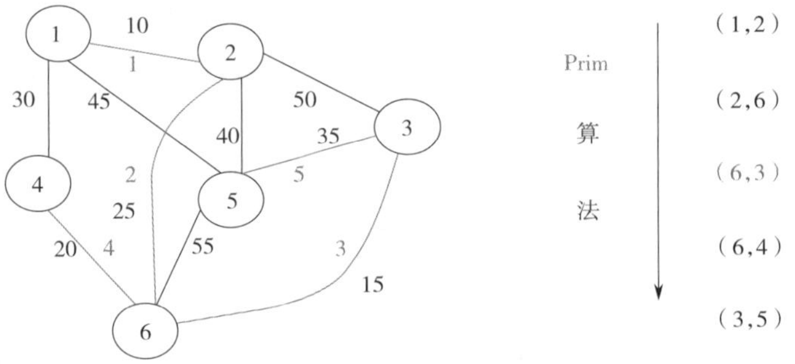

图 3-4　Prim 算法实现流程

3)算法设计

```
    //Prim 最小生成树算法伪码
    PrimTree(E,COST,a,T,mincost)   //E 是图 G 的边集，COST(n,n)是 G 的带权邻接
//矩阵。计算一棵最小生成树 T,并把它作为一个集合存放到数组 T[1:n-1,2]中,
//这棵树的权值赋给 mincost
    real COST[n,n],mincost;
    integer NEAR[n],n,I,j,k,s,T[1:n-1,2];
    (k,s)=具有最小权值的边;
    mincost=COST(k,s);
    for i from 1 to n do
        if COST(I,s)<COST(I,k) then
            NEAR(i)=s;
        else NEAR(i)=k;
        end if
    end for
    NEAR(k)=NEAR(s)=0;
    for i from 2 to n-1 do
        设 j 是使得 NEAR(j) ≠ 0 且 COST(j,NEAR(i))为最小的下标
        (T[i,1],T[i,2])=(j,NEAR(j));   // 加入边(j,NEAR(j))
        mincost=mincost+COST(NEAR(j));
        NEAR(j)=0;
        for k from 1 to n do
            if NEAR(k) ≠ 0 && COST(K,NEAR(k))>COST(k,j) then
                NEAR(k)=j;
            end if
        end for
    end for
```

```
if mincost≥∞ then
    print('no spanning tree');
end if
end PrimTree
```

其中,树 T 的元素为($T[i,1]$,$T[i,2]$),其中 1,2 代表第 i 条边的两个端点;$NEAR(j)$表示顶点 j 的以最小权的边邻接的一个顶点。

4)算法复杂度分析

PrimTree 算法中的语句 3 需要时间 $O(|E|)$;语句 17~21 的循环体需要时间 $O(n)$,因而语句 12~22 的循环体共需要时间 $O(n^2)$。所以,PrimTree 算法的时间复杂度为 $O(n^2)$。

2.Kruskal 算法

构造最小生成树的另一个常用算法是 Kruskal 算法。当连通图的边数为 e 时,Kruskal 算法所需的时间是 $O(e\log e)$。当 $e=\Omega(n^2)$时,Kruskal 算法比 Prim 算法差;但当 $e=O(n^2)$时,Kruskal 算法却比 Prim 算法好得多。

给定无向连通赋权图 $G=(V,E)$,$V=\{1,2,\cdots,n\}$,采用 Kruskal 算法构造 G 的最小生成树的基本思想如下。首先,将 G 的 n 个顶点看成 n 个孤立的连通分支,将所有的边按权值从小到大排序。然后,从第一条边开始,依照边权值递增的顺序查看每一条边,并按下述方法连接两个不同的连通分支:当查看到第 k 条边(v, w)时,如果端点 v 和 w 分别是当前两个不同的连通分支 T_1 和 T_2 中的顶点,就用边(v, w)将 T_1 和 T_2 连接成一个连通分支,然后继续查看第 k+1 条边;如果端点 v 和 w 在当前的同一个连通分支中,就直接继续查看第 k+1 条边。这个过程一直进行到只剩下一个连通分支时为止,此时这个连通分支就是 G 的一棵最小生成树。

例如,对于图 3-2 所示的连通赋权图,按 Kruskal 算法得到的最小生成树上的边如图 3-5 所示。

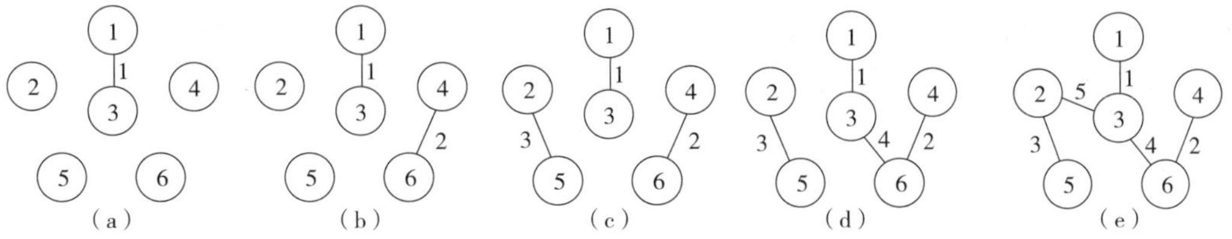

图 3-5 Kruskal 算法的选边过程

关于集合的一些基本运算可用于实现 Kruskal 算法。Kruskal 算法中按权的递增顺序查看的边的序列可以看作一个优先队列,它的优先级为边权。顺序查看就是对这个优先队列执行 DeleteMin 运算,可以用堆来实现这个优先队列。

另外,在 Kruskal 算法中,还要对一个由连通分支组成的集合不断进行修改。将这个由连通分支组成的集合记为 U,则需要用到的集合的基本运算如下。

(1)Union(a,b):将 U 中两个连通分支 a 和 b 连接起来,所得的结果称为 A 或 B。

(2)Find(u):返回 U 中包含顶点 u 的连通分支的名字。这个运算用来确定某条边的两个端点所属的连通分支。

以上基本运算实际上是抽象数据类型并查集 UnionFind 所支持的基本运算。

下面我们介绍使用贪心算法实现 Kruskal 算法的一般步骤。

1)贪心策略

构造最小生成树(以边为目标考虑)。

2)数据及结构分析

Kruskal 算法的基本思想是将所有的边按照权值递增的顺序排序,每次选一条权值最小的边加入生成树中,若没有环路则选边成功,若有环路,则选下一条权值次小的边,直到选满 $n-1$ 条边为止,如图 3-6 所示。

(1)选择连通图 G 的一条权值最小的边 e_1。

(2)假设已经选好 G 的一组边 $L=\{e_1,e_2,\cdots,e_k\}$。

(3)选择 G 的不在 L 中的具有最小权值的边 e_{k+1},使 $T\cup\{e\}$诱导出的 G 的子图不含 G 的圈。

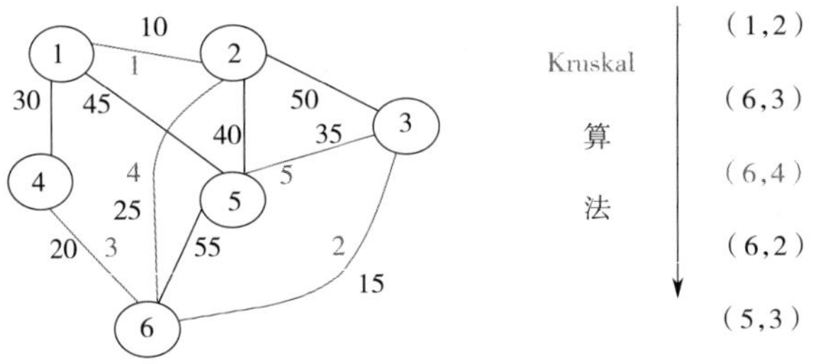

图 3-6 Kruskal 算法实现流程

3)算法设计

为说明 Kruskal 算法,我们引进数据结构 min-堆,它是一棵完全二叉树,其中每个顶点都有一个权值,而且该二叉树满足每个顶点的权值都不大于其子节点的权值,即 min-堆的根具有最小的权值,如图 3-7 所示。

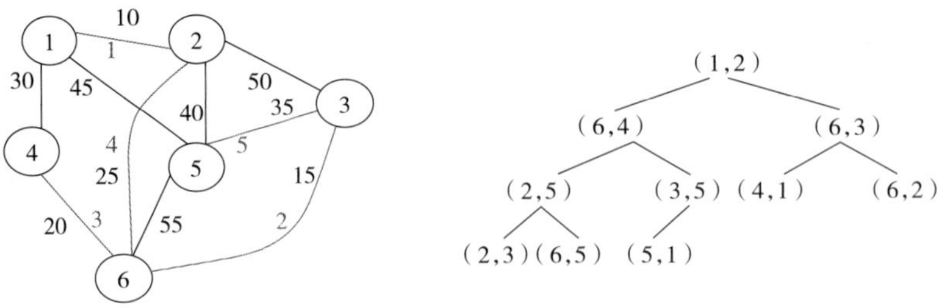

图 3-7 数据结构 min-堆

```
//Kruskal 最优生成树算法伪码
KruskalTree(E,COST,n,T,mincost)  //说明同算法 PrimTree
real mincost, COST[1:n,1:n];
integer Parent[1:n],T[1:n-1],n;
以带权的边为元素构造一个 min-堆;
Parent = -1;  //每个顶点都在不同的集合中
i=mincost=0;
while i<n-1 && min-堆非空 do
  从堆中删去最小权边(u,v)并重新构造 min-堆;
  j=Find(u);k=Find(v);
  if j ≠ k then
    i=i+1;T(i,1)=u; T(i,2)=v;
    mincost=mincost+COST(u,v);
    Union(j,k);
  end if
end while
if i ≠ n-1 then
  print('no spanning tree')
end if
return
end KruskalTree
```

4)算法复杂度分析

Kruskal 算法的时间主要耗费在排序上，根据上述算法分析可知，其时间复杂度为 $O(E\log E)$。

定理 3-3 Kruskal 算法对于每一个无向连通图产生一棵最优树。

证明 设 T 是采用 Kruskal 算法产生的 G 的一棵生成树，而 T' 是 G 的一棵最优生成树，且使得$|E(T')\cap E(T)|$最大。用 $E(T)$表示树 T 的边集，$w(e)$表示边 e 的权值，而边集 E 的权值之和用 $w(E)$表示。下面证明 $w(E(T))=w(E(T'))$，不妨设 $E(T)\neq E(T')$，而 e 是 $E(T)\backslash E(T')$中权值最小的边。将 e 添加到 T' 中即得到 T' 的一个圈$(e, e_1, e_2, \cdots, e_k)$，因为 T 是树，则 e_i 中至少有一个不属于 $E(T)$。不妨设 e_i 不属于 $E(T)$，则必然有 $w(e)\leq w(e_i)$。否则，$w(e)>w(e_i)$和 $E(T)$中比 e 权值小的边都在 T' 中，e_i 和这些边一起不含有圈，因而按 Kruskal 算法 e_i 将被选到 $E(T)$中，与前面矛盾。在 T' 中去掉边 e_i，换上边 e，得到 G 的一棵新的生成树 T''，这棵树有以下两个特点：

(1)T 的权值不大于 T' 的权值，因而与 T' 有相等的权值；

(2)$|E(T'')\cap E(T)|>|E(T')\cap E(T)|$。

其中，(1)说明 T'' 也是一棵最优树，而(2)说明 T'' 与 T' 取法相悖，因此 $w(E(T))=w(E(T'))$，T 是最优生成树。证毕。

3.2.5 单源最短路径问题

给定一个赋权有向图 $G=(V,E)$，其中每条边的权值是非负实数。另外，还给定 V 中的一个顶点，称为源。现在要计算从源到所有其他各顶点的最短路长度。这里路的长度是指路上各边的权值之和。这个问题通常称为单源最短路径问题。

1. 算法基本思想

Dijkstra 算法是求解单源最短路径问题的一个贪心算法，其基本思想是设置顶点集合 S，并不断地做贪心选择来扩充这个集合。一个顶点属于集合 S，当且仅当从源到该顶点的最短路径长度已知，初始时 S 中仅含有源。设 u 是 G 的某一个顶点，把从源到 u 且中间只经过 S 中顶点的路径称为从源到 u 的特殊路径，并用数组 *dist* 记录当前每个顶点所对应的最短特殊路径长度。Dijkstra 算法每次从 $V-S$ 中取出具有最短特殊路径长度的顶点 u，将 u 添加到 S 中，同时对数组 *dist* 做必要的修改。一旦 S 包含所有 V 中的顶点，*dist* 就记录从源到所有其他顶点之间的最短路径长度。

Dijkstra 算法可描述如下，其中输入的赋权有向图是 $G=(V,E)$，$V=\{1,2,\cdots,n\}$，顶点 v 是源；c 是一个二维数组，$c[i][j]$表示边(i,j)的权，当$(i,j)\notin E$ 时，$c[i][j]$是一个大数；$dist[i]$表示当前从源到顶点 i 的最短特殊路径长度。

```
template <class Type >
void Dijkstra(int n,  int v,Type dist[],int prev[],Type ** c)
{//单源最短路径问题的 Dijkstra 算法
    bool s[maxint];
    for (int i= 1;i<=n; i++)
    {
        dist[i]= c[v][i];
        s[i]= false;
        if(dist[i]== maxint) prev[i]= 0;
        else prev[i]=v;
    }
    dist[v]=0;s[v]= true;
    for(int i= 1; i< n; i++)
    {
        int temp = maxint;
        int u= V;
        for (int j=1;i<=n;j++)
          if((!s[j])&&(dist[j]< temp)){u=j;temp = dist[j];}
        s[u]= true;
        for (int j= 1;j<=n;j++)
          if((!s[j])&&(c[u][j]< maxint))
```

```
            {
              Type newdist =dist[u]+ c[u][j];
              if (newdist < dist[j]){dist[j] = newdist;prev[j]= u;}
            }
        }
    }
```

2. 问题

已知一个赋权有向图如图 3-8 所示，应用 Dijkstra 算法计算从源顶点 1 到其他顶点的最短路径。

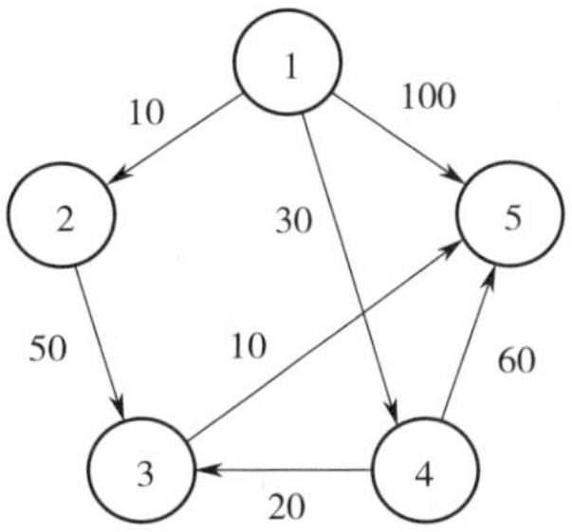

图 3-8　一个赋权有向图

Dijkstra 算法迭代过程见表 3-3。

表 3-3　Dijkstra 算法迭代过程

迭代	*S*	*u*	*dist*[2]	*dist*[3]	*dist*[4]	*dist*[5]
初始	{1}	—	10	*maxint*	30	100
1	{1,2}	2	10	60	30	100
2	{1,2,4}	4	10	50	30	90
3	{1,2,4,3}	3	10	50	30	60
4	{1,2,4,3,5}	5	10	50	30	60

上述 Dijkstra 算法只能求出从源顶点到其他顶点的最短路径长度。如果还要求出相应的最短路径，可以采用算法中的数组 *prev* 记录的信息求出相应的最短路径。Dijkstra 算法中数组 *prev*[*i*]记录的是从源顶点到顶点 *i* 的最短路径上 *i* 的前一个顶点。初始时，对所有 $i \neq 1$，置 *prev*[*i*]=*v*；如果 *dist*[*u*]+*c*[*u*][*i*]<*dist*[*i*]，则需要在 Dijkstra 算法中更新最短路径长度，然后置 *prev*[*i*]=*u*。当 Dijkstra 算法终止时，就可以根据数组 *prev* 找到从源顶点到顶点 *i* 的最短路径上每个顶点的前一个顶点，从而找到从源顶点到顶点 *i* 的最短路径。

例如，对于图 3-8 所示的有向图，经 Dijkstra 算法计算后可得数组 *prev* 具有值 *prev*[2]=1，*prev*[3]=4，*prev*[4]=1，*prev*[5]=3。如果要找出顶点 1 到顶点 5 的最短路径，可以从

数组 *prev* 得到顶点 5 的前一个顶点是 3，顶点 3 的前一个顶点是 4，顶点 4 的前一个顶点是 1。于是从顶点 1 到顶点 5 的最短路径是 1，4，3，5。

下面介绍使用贪心算法解决单源最短路径问题的一般步骤。

1）贪心策略

对于一般的单源最短路径问题，我们采用逐条构造最短路径的方法，将迄今已生成的所有路径长度之和最小作为贪心准则，因此每一条单独的路径都必须具有最小长度。

2）数据及结构设计

假定已经构造了 k 条最短路径，则下面要构造的路径应该是下一条最短路径。现在将这 k 条最短路径的终点集合记为 S，为叙述方便，也将 v_0 放于 S 中。如果 $V\backslash S$ 不是空集，则从 v_0 到 $V\backslash S$ 中顶点的最短路径中应该有一条是最短的，例如是 v_0 到 v_{k+1} 的最短路径 P，且有

$$P=v_0u_1\cdots u_{s-1}u_sv_{k+1}$$

显然，$P_1=v_0u_1\cdots u_{s-1}u_s$ 应是 v_0 到 u_s 的最短路径，因而由 S 的定义和贪心准则可知 u_s 应属于 S；同理，路径 P 上其他顶点 u_i 也都在 S 中。所以，新的最短路径一定是某个已有的最短路径向前延伸一步。如果用 $Dist(v_i)$表示从 v_0 到 S 中顶点 v_i 的最短路径的长度，而 G 中的顶点 w 依据其是否属于 S 分别记为 $S(w)=1$ 或 $S(w)=0$，则从 v_0 出发，新的最短路径的长度应该是

$$D(S)=\min_{S(u)=1,S(w)=0}\{Dist(u)+COST(u,w)\} \tag{3-1}$$

满足式（3-1）的顶点 w 被选择加入 S，新的最短路径就是从 v_0 出发到 w 的最短路径，而此时的 $Dist(w)=D(S)$，S 被更新为 $S'=S\cup\{w\}$，后者可以由更新 w 的集合特征值来实现，即 $S(w)=1$（原来 $S(w)=0$）。

3）算法设计

```
    //Dijkstra 最短路径算法伪码
    DijkstraPaths(v,COST,Dist,n)  //G 是具有 n 个顶点{1,2,…,n}的有向图， v 是 G
//中取定的顶点,COST 是 G 的邻接矩阵
    boolean s[1:n];real COST[1:n,1:n],Dist[1:n];  //s 为访问过的节点
    integer u,v,n,num,i,w;
    for i from 1 to n do  //初始化 dist,v 是源点
        s(i)=0;Dist(i)=COST(v,i);
    end for
    s(v)=1;Dist(w)=0:  //设 v 为访问过的节点， w 是当前选择的节点,改 0,这样在第
//一次循环时就应选 w
    for num from 2 to n do
        w=min{Dist(u)}  //选择上一轮中 Dist 最小的节点
         S(u)=0
        s(w)=1;  //将该点设为主访问点
        while s(u)=0 do
```

```
            Dist(u)=min{Dist(u),Dist(w)+COST(w,u)};  //根据新纳入的点 w,更新 Dist 的值
        end while
    end for
    end DijkstraPath
```

其中,我们需要注意语句 6 和 9。根据式(3-1),被选择的新的最短路径的长度应该等于语句 6 中的 $\min\limits_{S(u)=0}\{Dist(u)\}$,这可由语句 9 中的 *Dist* 值更新语句看出。因为当 S 变成 $S'=S\cup\{w\}$后,$Dist(u)$(其中 u 不属于 S')值如果改变,则必然是由于从 v 到 u 的最短路径上含有顶点 w,又由于从 v 到 S' 中其他顶点的最短路径不含有顶点 w,所以 w 是从 v 到 u 的最短路径上的最后一个内部顶点,故 $Dist(u)=\min\{Dist(u),Dist(w)+COST(w,u)\}$。算法 DijstraPath 的正确性由此可以保证。

4)算法复杂度分析

对于一个具有 n 个顶点和 e 条边的赋权有向图,如果用带权邻接矩阵表示该图,那么 Dijkstra 算法的主循环体需要 $O(n)$时间。这个循环需要执行 $n-1$ 次,所以完成循环需要 $O(n^2)$时间。Dijkstra 算法的其余部分所需要时间不超过 $O(n^2)$。

3. 算法的正确性和计算复杂性

下面讨论 Dijkstra 算法的正确性和计算复杂性。

1)贪心选择性质

Dijkstra 算法是应用贪心算法设计策略的又一个典型例子。它所做的贪心选择是从 $V-S$ 中选择具有最短特殊路径的顶点 u,从而确定从源顶点到顶点 u 的最短路径长度 $dist[u]$。这种贪心选择为什么能产生最优解呢?换句话说,为什么从源顶点到顶点 u 没有其他更短的路径呢?事实上,如果存在一条从源顶点到顶点 u 且长度比 $dist[u]$更短的路径,设这条路径初次走出 S 之外到达的顶点为 $x\in V-S$,然后徘徊于 S 内外若干次,最后离开 S 到达顶点 u,如图 3-9 所示。

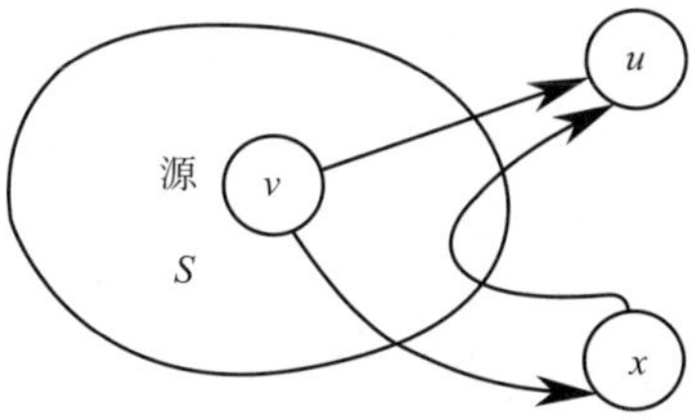

图 3-9 从源顶点到顶点 *u* 的最短路径

在这条路径上,分别用 $d(v, x)$, $d(x, u)$和 $d(v, u)$表示顶点 v 到顶点 x,顶点 x 到顶点 u 和顶点 v 到顶点 u 的路径长度,那么 $dist[x]\leqslant d(v,x)$, $d(v,x)+d(x,u)=d(v,u)<dist[u]$。利用边权值的非负性,可知 $d(x, u)\geqslant 0$,从而推得 $dist[x]<dist[u]$,存在矛盾。从而证明 $dist[u]$是从源顶点到顶点 u 的最短路径长度。

2)最优子结构性质

要完成 Dijkstra 算法正确性的证明,还必须证明最优子结构性质,即算法中确定 $dist[u]$

确实是当前从源顶点到顶点 u 的最短特殊路径长度。因此，只要考察算法在添加 u 到 S 中后，$dist[u]$的值所起的变化即可。将添加 u 之前的 S 称为老的 S，当添加了 u 之后，可能出现一条到顶点 i 的新的特殊路径。如果这条新的特殊路径是先经过老的 S 到达顶点 u，然后从 u 经一条边直接到达顶点 i，则这条路径的最短长度是 $dist[u]+c[u][i]$。这时，如果 $dist[u]+c[u][i]<dist[i]$，则算法中用 $dist[u]+c[u][i]$作为 $dist[i]$的新值。如果这条新的特殊路径经过老的 S 到达顶点 u 后，不是从 u 经一条边直接到达顶点 i，而是像图 3-9 那样，回到老的 S 中某个顶点 x，最后才到达顶点 i，那么由于 x 在老的 S 中，因此 x 比 u 先加入 S，故图 3-10 中从源顶点到顶点 x 的路径长度比从源顶点到 u，再从顶点 u 到顶点 x 的路径长度短。

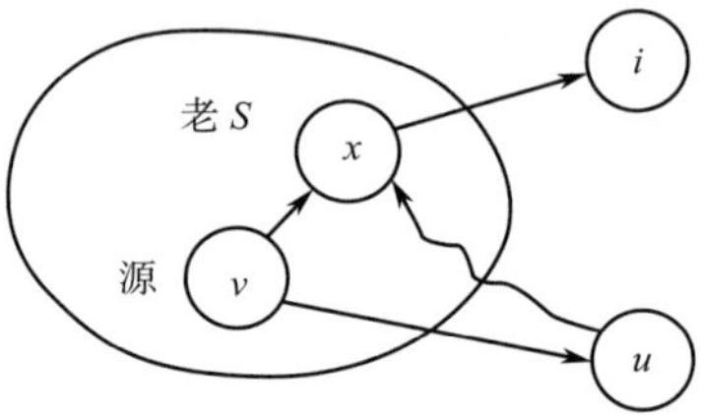

图 3-10　非最短的特殊路径

于是当前 $dist[i]$的值小于图 3-10 中从源顶点经顶点 x 到顶点 i 的路径长度，也小于其中从源顶点经顶点 u 和顶点 x，最后到达顶点 i 的路径长度。因此，在算法中不必考虑这种路径。由此可知，不论算法中 $dist[u]$的值是否有变化，它总是关于当前顶点集 S 到顶点 u 的最短特殊路径长度。

3.2.6　哈夫曼编码

贪心算法的基本思想也被应用到编码理论和方法中，哈夫曼（Huffman）编码就是其中一个典型例子。

在近现代社会中，用 0-1 编码来实现信息传送是一种普遍做法。这样做的前提是需要有一个把文本转换为 0-1 码的约定，即编码。最容易想到的方法是对文本中出现的各个字符都约定一个等长的 0-1 码。例如，文本的字母表为 Σ，Σ 中共有 m 个不同的字符（即 $|\Sigma|=m$），若 $2^{k-1}<m\leqslant 2^k$，那么用一个 k 位 0-1 码表示 Σ 中的一个字符，不同的字符对应的 k 位 0-1 码也不相同。这样，文本中的信息就可以转换为一个 0-1 码段。根据事先约定的编码规定，接收方接收到这个 0-1 码段后，可以通过译码知道文本信息的内容。然而，字母表中的各个字符在文本中出现的频率往往是不一样的。例如，根据统计，在各种英文报纸、杂志和小说中，字母 e 出现的概率为 0.127，字母 t 出现的概率为 0.091，而字母 x 和 z 出现的概率均仅为 0.001。不同的字符在文本中出现的概率相差接近（甚至超过）100 倍。用等长的 0-1 码组对出现概率相差如此之大的字符进行编码显然是不经济的。如果能设计一种编码技术，使出现概率高的字符对应的编码（字长）短一些，而出现概率低的字符对应的编码较长，就可能使一个文本对应的编码段的总长度得到缩减。这样就可以节省传送的时间，提高资源的利用率。这就是哈夫曼编码的出发点，也是用贪心算法求解一类问题的目标。

然而，其对编码方法有一个严格的条件要求：在同一个字母表中，任一个字符的编码都不应是另一个字符编码的前缀。这个条件是为了能够准确译码（编码的逆运算）而设置的。因为如果有一个字符的编码是另一个字符编码的前缀，接收方在接收到发送方发来的信息（0-1 码）后，译码时就会产生歧义，从而导致错误或混乱。对于每个字符都用等长的码组表示的编码方法来说，这个条件是自然得到满足的。因而只要两个字符对应的编码不相同，那么其中任意一个字符的编码也不可能是另一个字符编码的前缀。然而，如果采用不等长的码组对各个字符进行编码，这个条件就必须引起注意了。

可见，哈夫曼编码就是在“任一个字符的编码不应是另一个字符编码的前缀”的约束条件下，对字母表中的各个字符进行编码，使文本对应的编码段最短（或者说，比采用等长码组编码的方法有明显缩短）的一种编码技术。

哈夫曼编码的基本思想可以用下列步骤加以描述。

（1）将字母表 Σ 中的各个字符按在文本中出现的概率按递减（非增）顺序从左至右排列，每个字符作为一个节点，用小圆圈表示，节点（小圆圈）内写上字符出现的概率，节点旁写上节点所表示的字符。假设把一个孤立节点看作一棵（退化的）二叉树，设 $|\Sigma|=n$，那么开始时形成有 n 个二叉树的二叉森林，每棵（退化的）二叉树都只由一个根节点组成。

（2）对二叉森林重复进行下列操作，直到它们合并成一棵二叉树，每个表示字符的节点变成这棵二叉树的叶节点。即挑选根节点上所写的概率数值最小的两棵二叉树，用一个新增的节点作为新的根节点把它们连接起来；将两棵子二叉树根节点的概率之和作为概率值写在新增的根节点内，根节点到左子树的连接边上标注“0”，根节点到右子树的连接边上标注“1”。

（3）各字符的哈夫曼编码就是在第（2）步最终得到的哈夫曼树中从根节点到表示该字符的叶节点的路径上各边的旁标按顺序连接起来的 0-1 序列。

例 3-2 设有一个文本 T，它的字母表 $\Sigma=\{a, b, c, d, e\}$，各个字符在文本中出现的概率见表 3-4。

表 3-4 字母表 Σ 中各个字符在文本 T 中出现的概率

字符	a	b	c	d	e
出现概率	0.40	0.35	0.18	0.05	0.02

那么，按前面叙述的算法的第（1）和（2）步构造出来的哈夫曼树如图 3-11 所示，其中各个非叶节点旁方括号内的数字表示这些节点出现的顺序。

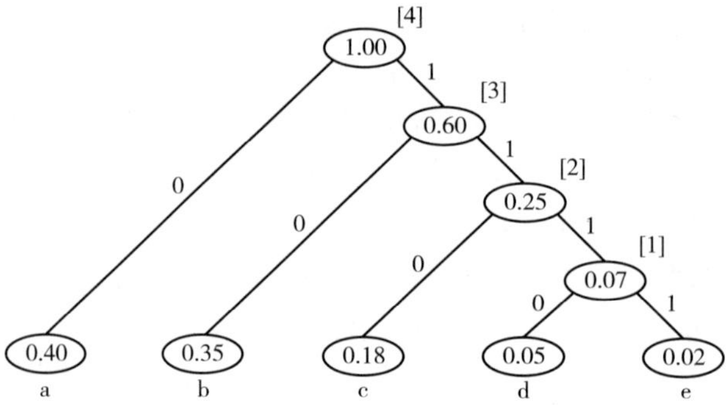

图 3-11　对应表 3-4 的哈夫曼树

根据这个哈夫曼树，由前面叙述的算法的第(3)步可以求出字母表 Σ 中各个字符的哈夫曼编码，见表 3-5。

表 3-5　对应表 3-4 的哈夫曼编码

字符	a	b	c	d	e
出现概率	0	10	110	1110	1111

如果对于同一个字母表 Σ，在另一文本中各个字符出现的概率大小顺序虽然一样，但各个字符出现的概率值有所变化，那么得到的哈夫曼树和哈夫曼编码可能就不一样。例如，对表 3-6 给出的概率值，所得到的哈夫曼树如图 3-12 所示，而最后得到的哈夫曼编码见表 3-7。

表 3-6　字母表 Σ 中各个字符在另一文本中出现的概率

字符	a	b	c	d	e
出现概率	0.5	0.17	0.15	0.10	0.08

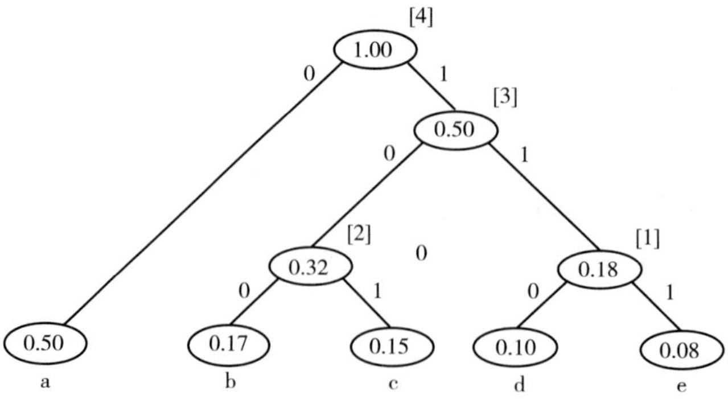

图 3-12　对应表 3-6 的哈夫曼树

表 3-7 对应表 3-6 的哈夫曼编码

字符	a	b	c	d	e
出现概率	0	100	101	110	111

关于哈夫曼编码的正确性(即满足约束条件)由哈夫曼树的构造容易知道,对于其最优性通过下面的计算说明。

设文本 T 的字母表 Σ={a, b, c, d, e},长度为 10 000 个字符。由于$|\Sigma|$=5,由 $2^2<5<2^3$ 可知,如果采用等字长的编码方法对 Σ 中的字符进行编码,那么对一个字符需用 3 位 0-1 码,可以这样编码:a 为 000,b 为 001,c 为 010,d 为 011,e 为 100。这样,整个文本 T 的编码段长度为 3×10 000=30 000 个字符。

假若已知字母表 Σ 中的各个字符在文本中出现的概率(表 3-4),通过构造图 3-11 所示的哈夫曼树,得到表 3-5 所示的哈夫曼编码,那么整个文本 T 的编码段的长度为

$$(0.4\times1+0.35\times2+0.18\times3+0.05\times4+0.02\times4)\times10\ 000=19\ 200$$

假若已知字母表 Σ 中的各个字符在文本中出现的概率(表 3-6),通过构造图 3-12 所示的哈夫曼树,得到表 3-7 所示的哈夫曼编码,那么整个文本的编码段的长度为

$$(0.5\times1+0.17\times3+0.15\times3+0.1\times3+0.08\times3)\times10\ 000=20\ 000$$

从这两个例子可知,采用哈夫曼编码比采用等字长编码可以缩减约 1/3 的长度。通常情况下,哈夫曼编码(相比等字长编码)可以使文本的编码长度缩减 20%~30%,因此哈夫曼编码也是一种重要的数据压缩技术。

另外,对于表 3-4 的概率分布情况,如果采用表 3-7 的编码(注意,这时已不是哈夫曼编码),那么整个文本 T 的编码段的长度为

$$(0.4\times1+0.35\times3+0.18\times3+0.05\times3+0.02\times3)\times10\ 000=22\ 000$$

其比采用哈夫曼编码的长度(19 200)多出 2 800 个字符的长度。

反之,对于表 3-6 的概率分布情况,如果采用表 3-5 的编码(注意,这时也不是哈夫曼编码),那么整个文本的编码段的长度为

$$(0.5\times1+0.17\times2+0.15\times3+0.1\times4+0.08\times4)\times10\ 000=20\ 100$$

其也比采用哈夫曼编码得到的结果要长。

通过这些计算,我们可以进一步理解前述算法的第(2)步做法的合理性。

下面介绍我们使用贪心算法解决哈夫曼编码问题的步骤。

1. 贪心策略

哈夫曼编码优先级队列为频率小的字符优先入队,即构造最优前缀码的贪心算法。

2. 数据及结构设计

首先将字符集中的每个字符看作一棵只含有根节点的树,构造一个由 n 棵树构成的树的集合 Q;然后做 n−1 次贪心选择,每次都选择两个出现频率最小的节点,使其作为左、右子树构造一棵新树,并将新树插入树的集合 Q 中,直到 Q 中只含有一棵树为止;最后从树根深度优先遍历,左子树输出 0、右子树输出 1,搜索到叶节点即可得到叶字符的编码。

3. 算法设计

输入:字符集 C 及每个字符出现的概率 $f(c_i)$, $c_i \in C$。

输出:树集合 Q。

```
n ← |C|  //字符集中元素个数
Q ← sort(c)  //出现概率由小到大排序
for i ← 1 to n-1 do
构造节点 z
z.left ← Q 中出现概率第一小字符 x
z.right ← Q 中出现概率第二小字符 y
f(z) ← f(x)+ f(y)
insert(Q,z)
return Q
```

4. 算法复杂度分析

上述算法的主要计算时间用于字符出现概率排序,故关于 n 个字符实现哈夫曼编码的时间复杂度为 $O(n\log n)$。

5. 哈夫曼编码的正确性

要证明哈夫曼编码的正确性,只要证明最优前缀码问题具有贪心选择性质和最优子结构性质即可。

1)贪心选择性质

设 C 是编码字符集,C 中字符 c 的出现概率为 f(c)。又设 x 和 y 是 C 中具有最小出现概率的两个字符,则存在 C 的最优前缀码使 x 和 y 具有相同码长且仅最后一位编码不同。

证明 设二叉树 T 表示 C 的任意一个最优前缀码。下面证明可以对 T 做适当修改后得到一棵新的二叉树 T'',使得在新的二叉树中 x 和 y 是最深叶子且为兄弟,同时新的二叉树 T'' 表示的前缀码也是 C 的最优前缀码。如果能做到这一点,则 x 和 y 在 T'' 表示的最优前缀码中就具有相同的码长且仅最后一位编码不同。

设 b 和 c 是二叉树 T 的最深叶子且为兄弟,则不失一般性,可设 $f(b) \leqslant f(c)$, $f(x) \leqslant f(y)$。由于 x 和 y 是 C 中具有最小出现概率的两个字符,故 $f(x) \leqslant f(b)$, $f(y) \leqslant f(c)$。首先在树 T 中交换叶子 b 和 x 的位置得到树 T',然后在树 T' 中再交换叶子 c 和 y 的位置得到树 T'',如图 3-13 所示。

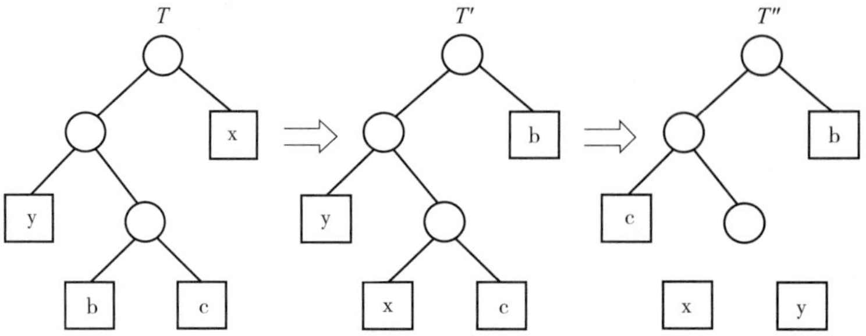

图 3-13 编码树 T 的变换

由此可知，树 T 和 T' 表示的前缀码的平均码长之差为

$$\begin{aligned}B(T)-B(T') &= \sum_{c\in C} f(c)d_T(c)-\sum_{c\in C} f(c)d_{T'}(c)\\ &= f(x)d_T(x)+f(b)d_T(b)-f(x)d_{T'}(x)-f(b)d_{T'}(b)\\ &= f(x)d_T(x)+f(b)d_T(b)-f(x)d_T(b)-f(b)d_T(x)\\ &= [f(b)-f(x)][d_T(b)-d_T(x)]\geqslant 0\end{aligned}$$

其中，最后一个不等式是因为 $f(b)-f(x)$ 和 $d_T(b)=d_T(x)$ 均为非负。

类似地，可以证明在树 T' 中交换 y 与 c 的位置也不增加平均码长，即 $B(T')-B(T'')$ 也是非负的。由此可知，$B(T'')\leqslant B(T')\leqslant B(T)$。另外，由于树 T 所表示的前缀码是最优前缀码，故 $B(T)\leqslant B(T'')$。因此，$B(T)=B(T'')$，即树 T'' 表示的前缀码也是最优前缀码，且 x 和 y 具有最长的码长，同时仅最后一位编码不同。

2）最优子结构性质

设 T 是表示字符集 C 的一个最优前缀码的完全二叉树，C 中字符 c 的出现概率为 $f(c)$。设字母 x 和 y 是树 T 中的两个叶子且为兄弟，字符 z 是它们的父亲。若将 z 看作具有出现概率 $f(z)=f(x)+f(y)$ 的字符，则树 $T'=T-\{x, y\}$ 表示字符集 $C'=C-\{x, y\}\cup\{z\}$ 的一个最优前缀码。

证明 首先证明树 T 的平均码长 $B(T)$ 可用树 T' 的平均码长 $B(T')$ 表示。

事实上，对任意字符 $c\in C-\{x, y\}$ 有 $d_T(c)=d_{T'}(c)$，故 $f(c)d_T(c)=f(c)d_{T'}(c)$。另外，$d_T(x)=d_T(y)=d_{T'}(z)+1$，故

$$f(x)d_T(x)+f(y)d_T(y)=[f(x)+f(y)][d_{T'}(z)+1]=f(x)+f(y)+f(z)d_{T'}(z)$$

由此可知

$$B(T)=B(T')+f(x)+f(y)$$

若树 T' 所表示的字符集 C' 的前缀码不是最优的，则有树 T'' 表示的字符集 C' 的前缀码使 $B(T'')<B(T')$。由于 z 被看作 C' 中的一个字符，故 z 在树 T'' 中是一树叶。若将 x 和 y 加入树 T'' 中作为 z 的子节点，则得到表示字符集 C 的前缀码的二叉树 T'''，且有 $B(T''')=B(T'')+f(x)+f(y)<B(T')+f(x)+f(y)=B(T)$，这与树 T 的最优性矛盾。因此，树 T' 所表示的字符集 C' 的前缀码是最优的。

由贪心选择性质和最优子结构性质立即可推出哈夫曼编码的正确性，即哈夫曼树产生字符集 C 的一棵最优前缀编码树。

3.2.7 多机调度问题

设有 n 项独立的作业 $\{1, 2, \cdots, n\}$，由 m 台相同的机器进行加工处理，作业 i 所需的处理时间为 t_i。现约定，任意一项作业可以在任意一台机器上进行加工处理，但未完工前不允许中断处理，且任意一项作业不能拆分成更小的子作业。

多机调度问题要求给出一种作业调度方案，使所给的 n 项作业在尽可能短的时间内由 m 台机器加工处理完成。

这个问题是一个多项式非确性(Non-deterministic Polynomial，NP)完全问题，到目前为止还没有有效的解决方法。对于这一类问题，采用贪心选择策略有时可以设计出较好的近

似算法。

1. 贪心策略

采用最长处理时间作业优先的贪心选择策略可以设计出解决多机调度问题的较好的近似算法。

2. 数据及结构设计

按最长处理时间作业优先的贪心选择策略，当 $n \leq m$ 时，只要将机器 i 的$[0, t]$时间区间分配给作业 i 即可；当 $n>m$ 时，首先将 n 个作业根据其所需的处理时间从大到小排序，然后依此顺序将作业分配给空闲的处理机。

3. 算法设计

```
class JobNode
{
    friend void Greedy(JobNode *,int,  int);
    friend void main(void);
    public:
        operator int(  )const {return time; }
    private:
        int ID,  time;
};
class MachineNode
{
    friend void Greedy(JobNode *,int,  int);
    public:
        operator int () const {return avail;}
    private:
        int ID,  avail;
};
template < class Type >
void Greedy(Typeal,int n,int m)
{
    If(n<= m)
    {
        cout <<"为每个作业分配一台机器。"<< endl;
        return;
        Sort(a,n);
        MinHeap < MachineNode >H(m);
        MachineNode x;
        for(int i=1;i<= m;i++)
```

```
            {
                x.avail =0;
                x.ID= i;
                H.Insert(x):
                for(int i= n;i>= 1;i--)
                {
                    H. DeleteMin(x);
                    cout<<"将机器"<< xID<<"从"<< x. avail<<"到"
                    <<(x.  avail + a[i].time)<<"的时间段分配给作业"<< a[i].
ID<< endl;
                    x.avail += a[i].time;
                }
                H. Insert(x);
            }
        }
    }
```

4. 算法复杂度分析

当 $n \leq m$ 时,算法 Greedy 需要 $O(1)$时间。

当 $n>m$ 时,排序耗时 $O(n\log n)$;初始化堆需要 $O(m)$时间;关于堆的 DeleteMin 和 Insert 运算共耗时 $O(n\log m)$。因此,算法 Greedy 所需的计算时间为 $O(n\log n+n\log m)=O(n\log n)$。

例如,设 7 个独立作业{1, 2, 3, 4, 5, 6, 7}由 3 台机器 M1, M2 和 M3 加工处理,各作业所需的处理时间分别为{2, 14, 4, 16, 6, 5, 3}。按算法 Greedy 产生的多机调度如图 3-14 所示,所需的加工时间为 17。

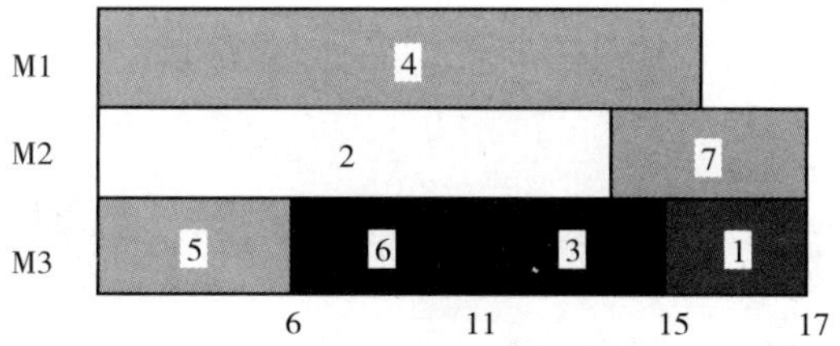

图 3-14　多机调度示例

本章小结

贪心算法是一种在每一步选择中都采取在当前状态下最好或最优的选择,从而希望达到结果是最好或最优的算法。该技术的核心是所做的每一步选择都必须满足可行、局部最优和不可取消原则。

在贪心算法解决的一些经典问题中，最小生成树主要介绍了两种算法：Prim 算法是一种为加权连通图构造最小生成树的贪婪算法，其工作原理是向前面构造的一棵子树中添加离树中顶点最近的顶点；Kruskal 算法是按照权重的升序把边包含进来，以构造一棵最小生成树，并使这种包含不会产生一条回路。为了保证这种检查的效率，需要应用一种所谓的并查算法。

Dijkstra 算法解决了单源最短路径问题，该问题要求出从给定的顶点（起点）出发通向加权图或者有向图的其他所有顶点的最短路径。它的工作过程和 Prim 算法是一样的，不同点在于它比较的是路径的长度而不是边的长度。对于不含负权重的图，Dijkstra 算法总是能够产生一个正确的解。

哈夫曼树是一棵二叉树，它使得从根出发到包含一组预定义权重的叶子之间的加权路径长度达到最小。哈夫曼树最重要的应用是哈夫曼编码。哈夫曼编码是一种最优的自由前缀变长编码方案，它基于字符在给定文本中的出现概率，把位串赋给字符。这是通过贪婪地构造一棵二叉树来完成的，二叉树的叶子代表字母表中的字符，而树中的边则标记为 0 或者 1。

经典面试题及案例分析习题

Part 2　贪心（共 18 题，其中前 6 题和大厂原题为必做题）

[Part 2　贪心]二维码

上机练习

上机实验二　贪心实验–题解

[上机实验二]二维码

- 目的：
  - 掌握贪心策略的基本思想和两个基本要素，熟练掌握使用贪心策略进行算法设计的基本步骤和技巧；
  - 应用贪心策略解决实际问题。
- 要求：
  - 提交实验报告，报告内容包括实验目的、实验内容、实验步骤、实验结果及分析；
  - 讲解实验内容，锻炼表达及沟通能力。
- 内容：
  - 七题必须全部完成。

通过实验，增强学生的实践技能以及团队合作意识，加强对适度及正当的贪心可以有效解决问题，而过度贪婪则适得其反的认识。

第一题（最佳邮局设置问题）

问题描述

有 n 户人家坐落在从西向东的一条街上。从街西头向东数，第 i 户的房子与街西头的距离是 $H[i]$米（$1 \le i \le n$），$H[1] < H[2] < H[3] < \cdots < H[n]$，假设街上没有邮局。现在，要在街上建一些邮局使得任一户人家到最近一个邮局的距离不超过 1 000 m。请设计一个 $O(n)$时间的算法以确定最少需要建的邮局数，并给出每个邮局到街西头的距离。

第二题（医院设置问题 1）

问题描述

n 个村庄之间的交通图用无向加权图表示，图中的无向边（v_i, v_j）表示第 i 个村庄和第 j 个村庄之间有道路，边上的权表示这条道路的长度。现在要从这 n 个村庄中选择一个村庄建一所医院，问这所医院应建在哪个村庄，才能使离医院最远的村庄到医院的距离最近。

第三题（医院设置问题 2）

问题描述

n 个村庄之间的交通图用无向加权图表示，图中的无向边（v_i, v_j）表示第 i 个村庄和第 j 个村庄之间有道路，边上的权表示这条道路的长度。现在要从这 n 个村庄中选择一个村庄建一所医院，问这所医院应建在哪个村庄，才能使所有村庄到医院的路径和最短。

第四题（国王游戏问题）

问题描述

国王邀请 n 位大臣玩一个游戏。首先，他让每个大臣在左、右手上分别写下一个整数，国王自己也在左、右手上各写一个整数。然后，让这 n 位大臣排成一排，国王站在队伍的最前面。排好队后，所有的大臣都会获得国王奖赏的若干金币，每位大臣获得的金币数分别是排在该大臣前面的所有人的左手上的数的乘积除以他自己右手上的数，然后向下取整得到的结果。

国王不希望某一个大臣获得特别多的奖赏，所以他想请你帮他重新安排一下队伍的顺序，使获得奖赏最多的大臣所获奖赏尽可能得少。注意，国王的位置始终在队伍的最前面。

输入（要求：$1 \le n \le 20$，$0 < a$、$b < 8$）

第 1 行包含一个整数 n，表示大臣的人数；第 2 行包含两个整数 a 和 b，两者用一个空格隔开，分别表示国王左手和右手上的整数；接下来 n 行，每行包含两个整数 a 和 b，两者用一个空格隔开，分别表示每个大臣左手和右手上的整数。

输出

一个整数，表示重新排列后的队伍中获奖赏最多的大臣所获得的金币数。

样例

输入：

3

1 1

2 3

7 4

4　6

输出：

2

第五题（看比赛问题）

问题描述

有 n 场直播比赛，每场比赛的开始、结束时间已知，求最多可以看多少场比赛。每场比赛从开头完整看到结尾才算观看完一场比赛。

输入

第 1 行是 1 个整数 n；接下来 n 行，每行 2 个整数 a_i、b_i，表示比赛开始、结束的时间。

输出

一个数字，表示最多能观看的比赛场数。

样例

输入：

3

0　2

2　4

1　3

输出：

2

第六题（果子合并问题）

问题描述

现有 n 堆果子，每一堆果子的质量为 w_i，现要把所有果子按照如下规则合并成一堆：

（1）每次只能选择某两堆合并成一堆；

（2）每次合并消耗的体力值为两堆果子质量之和；

（3）求全部合并成一堆所花费的最小体力值。

输入

第一行 1 个数字 n，表示 n 堆果子；第二行 n 个数字 w_i，表示第 i 堆果子质量为 w_i。

输出

一个数字，表示最小需花费的体力值。

样例

输入：

3

1 2 9

输出：

15

第七题（排队打水问题）

问题描述

有 n 个人排队到 1 个水龙头处打水，第 i 个人装满水桶所需的时间是 T_i，请问如何安排他们的打水顺序才能使所有人的平均等待时间最小。

输入

第一行包含 1 个整数 n；第二行包含 n 个整数，其中第 i 个整数表示第 i 个人装满水桶所花费的时间 T_i。

输出

一个整数，表示最小的平均等待时间。

样例

输入：

10

56 12 1 99 1000 234 33 55 99 812

输出：

291.90

第 4 章　动态规划算法

教学目标:

通过本章的学习,理解动态规划算法的概念;掌握动态规划算法的基本思想;掌握设计动态规划算法的步骤;掌握使用动态规划算法解决一些经典问题的方法。

本章要点【在学会的前面打钩】:

- □ 动态规划算法的概念和思想
- □ 动态规划算法的两个基本要素
- □ 设计动态规划算法的基本步骤
- □ 通过范例学习动态规划算法的设计技巧

4.1 动态规划算法基本思想

4.1.1 动态规划算法的基本概念

动态规划算法是处理分段过程最优化问题的一类极其有效的方法。在实际生活中，有一类问题的活动过程可以分成若干个阶段，而且在任一阶段后的行为依赖于该阶段的状态，而与该阶段之前的过程达到这种状态的方式无关。这类问题的解决是多阶段的决策过程。20 世纪 50 年代，R.Bellman 等提出了解决这类问题的最优化原理，从而创建了最优化问题的一种新的算法设计方法——动态规划算法。

动态规划算法与分治法在本质上没有差异，其基本思想也是将待求解的问题分解成若干个子问题，先求解子问题，再从这些子问题的解得到原问题的解；不同的是，适合采用动态规划算法求解的问题，经分解得到的子问题往往不是相互独立的，再采用分治法求解时，有些子问题可能被重复计算好多次，而动态规划算法可以保存已经解决的问题的答案，并且在需要时找出已求得的答案，这样可以避免重复计算，从而得到多项式时间算法。

4.1.2 动态规划算法的基本要素

从一般意义来讲，最优子结构性质和子问题重叠性质这两个重要性质是动态规划算法求解问题的两个基本要素，其对于在设计求解具体问题的算法时是否选择动态规划算法具有指导意义。下面着重讨论动态规划算法的这两个基本要素及动态规划算法的变形——备忘录方法。

1. 最优子结构性质

设计动态规划算法的第一步通常是要刻画最优解的结构。当问题的最优解包含其子问题的最优解时，称该问题具有最优子结构性质。问题的最优子结构性质提供了该问题可用动态规划算法求解的重要线索。

在矩阵连乘积最优计算次序问题中注意到，若 $\boldsymbol{A}_1\boldsymbol{A}_2\cdots\boldsymbol{A}_n$ 的最优完全加括号方式在 $\boldsymbol{A}_k$ 和 $\boldsymbol{A}_{k+1}$ 之间将矩阵链断开，则由此确定的子链 $\boldsymbol{A}_1\boldsymbol{A}_2\cdots\boldsymbol{A}_k$ 和 $\boldsymbol{A}_{k+1}\boldsymbol{A}_{k+2}\cdots\boldsymbol{A}_n$ 的完全加括号方式也最优，即该问题具有最优子结构性质。在分析该问题的最优子结构性质时，所用的方法具有普遍性。首先假设由问题的最优解导出的其子问题的解不是最优的，然后再设法说明在这个假设下可构造出比原问题最优解更好的解，从而导致矛盾。

在动态规划算法中，利用问题的最优子结构性质，以自底向上的方式递归地从子问题的最优解逐步构造出整个问题的最优解，算法考察的子问题空间规模较小。例如，在矩阵连乘积最优计算次序问题中，子问题空间由矩阵链的所有不同子链组成，所有不同子链的个数为 $\theta(n^2)$，因而子问题空间的规模为 $\theta(n^2)$。

2. 子问题重叠性质

可采用动态规划算法求解的问题应具备的另一个基本要素是子问题重叠性质。在采用递归算法自顶向下解问题时，每次产生的子问题并不总是新问题，有些子问题会被反复计算多次。动态规划算法正是利用了这种子问题的重叠性质,对每一个子问题只解一次,而后将其解保存在一个表格中,当再次需要解此子问题时,只是简单地用常数时间查看该子问题的解答即可。通常,不同的子问题个数随问题的大小呈多项式增长。因此,用动态规划算法通常只需要多项式时间,从而获得较高的解题效率。

为了说明这一点,考虑计算矩阵连乘积最优计算次序时,利用递归式直接计算 $A[i:j]$的递归算法 RecurMatrixChain。

```
int RecurMatrixChain(int i, int j)
{
    if(i==j) return 0;
    int u=RecurMatrixChain(i,i)+RecurMatrixChain(i+1,j)+p[i-1]* p[i]* p[j];
    s[i][j] = i;
    for(int k=i+1;k<j;k++)
    {
        int t=RecurMatrixchain(i,k)+RecurMatrixchain(k+1,j)+p[i-1]* p[k]* p[j];
        if(t< u)
        {
            u= t;s[i][j]= k;
        }
    }
    return u;
}
```

利用算法 RecurMatrixChain(1,4)计算 $A[1:4]$的递归树如图 4-1 所示。可以看出,许多子问题被重复计算。

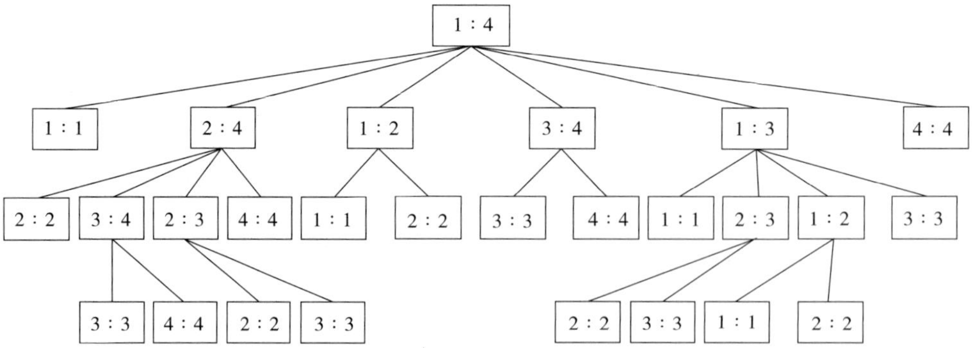

图 4-1 计算 $A[1:4]$的递归树

事实上,可以证明该算法的计算时间 $T(n)$有指数下界。设该算法中判断语句和赋值语句花费常数时间,则由该算法的递归部分可得关于 $T(n)$的递归不等式如下:

$$T(n) \geqslant \begin{cases} O(1) & n=1 \\ 1+\sum_{k=1}^{n-1}[T(k)+T(n-k)+1] & n>1 \end{cases}$$

当 $n>1$ 时，有

$$T(n) \geqslant 1+(n-1)+\sum_{k=1}^{n-1}T(k)+\sum_{k=1}^{n-1}T(n-k)=n+2\sum_{k=1}^{n-1}T(k)$$

据此，可用数学归纳法证明 $T(n) \geqslant 2^{n-1}=\Omega(2^n)$。

因此，直接递归算法 RecurMatrixChain 的计算时间随 n 指数增长。相比之下，解同一问题的动态规划算法 MatrixChain 只需计算时间 $\theta(n^3)$，其有效性就在于它充分利用了问题的子问题重叠性质。不同的子问题个数为 $\theta(n^2)$，而动态规划算法对于每个不同的子问题只计算一次，从而免去了大量不必要的计算。由此也可以看出，在解某一问题的直接递归算法所产生的递归树中，相同的子问题反复出现，并且不同子问题的个数又相对较少时，采用动态规划算法是有效的。

3. 备忘录方法

备忘录方法是动态规划算法的变形。与动态规划算法相同的是，备忘录方法也用表格保存已解决的子问题的答案，在下次需要解此子问题时，只要简单地查看该子问题的解答，而不必重新计算。与动态规划算法不同的是，备忘录方法的递归方式是自顶向下的，而动态规划算法的递归方式则是自底向上的。因此，备忘录方法的控制结构与直接递归方法的控制结构相同，区别在于备忘录方法为每个求解过的子问题建立了备忘录以备需要时查看，避免了相同子问题的重复求解。

备忘录方法为每个子问题建立一个记录项，初始化时该记录项存入一个特殊值，表示该子问题尚未求解。在求解过程中，对每个待解的子问题，首先查看其相应的记录项。若记录项中存储的是初始化时存入的特殊值，则表示该子问题是第一次遇到，此时计算出该子问题的解，并保存在其相应的记录项中，以备需要时查看。若记录项中存储的已不是初始化时存入的特殊值，则表示该子问题已被计算过，其相应的记录项中存储的就是该子问题的解答，此时只要从记录项中取出该子问题的解答即可，而不必重新计算。

下面的算法 MemoizedMatrixChain 是求解矩阵连乘积最优计算次序问题的备忘录方法。

```
int MemoizedMatrixChain(int n,int ** m,int ** s)
{
   for(int i=1;i<=n;i++)
      for(int j=i;j<=n;j++) m[i][j]=0;
   return LookupChain(1,n);
}
int LookupChain(int i,int j)
```

```
    {
        if(m[i][j]>0) return m[i][j];
        if(i==j) return 0;
        int u=LookupChain(i,i)+LookupChain(i+1,j)+p[i-1]*p[i]*p[j];
        s[i][j]=i;
        for(int k=i+1;k<j;k++)
        {
            int t=LookupChain(i,k)+LookupChain(k+1,j)+p[i-1]*p[k]*p[j];
            if(t<u){ u=t; s[i][j]=k;}
        }
        m[i][j]=u;
        return u;
    }
```

与动态规划算法 MatrixChain 相同，备忘录算法 MemoizedMatrixChain 用数组 m 来记录子问题的最优值。m 初始化为 0，表示相应的子问题还未被计算。在调用 LookupChain 时，若 $m[i][j]>0$，则表示其中存储的是所要求解子问题的计算结果，直接返回此结果即可。否则，与直接递归算法相同，自顶向下地递归计算，并将计算结果存入 $m[i][j]$后返回。因此，LookupChain 总能返回正确的值，但仅在它第一次被调用时计算，以后再调用就直接返回计算结果。

与动态规划算法相同，备忘录算法 MemoizedMatrixChain 耗时 $O(n^3)$。事实上，共有 $O(n^2)$个备忘记录项 $m[i][j](i=1,\cdots,n;j=i,\cdots,n)$，这些记录项的初始化耗费 $O(n^2)$时间。每个记录项只填入一次，每次填入时不包括填入其他记录项的时间，共耗费 $O(n)$时间。因此，LookupChain 填入 $O(n^2)$个记录项总共耗费 $O(n^3)$计算时间。由此可见，通过使用备忘录技术，直接递归算法的计算时间从 $\Omega(2^n)$ 降至 $O(n^3)$。

综上所述，矩阵连乘积最优计算次序问题可采用自顶向下的备忘录算法或自底向上的动态规划算法在 $O(n^3)$计算时间内求解。这两个算法都利用了子问题重叠性质，总共有 $\theta(n^2)$ 个不同的子问题，对每个子问题，两个算法都只求解一次，并记录答案；再次遇到该子问题时不重新求解，而简单地取用已得到的答案，从而节省了计算量，提高了算法效率。

一般来讲，当一个问题的所有子问题都至少要求解一次时，采用动态规划算法比备忘录算法要好。此时，动态规划算法没有任何多余的计算。同时，对于许多问题，通常可利用其规则的表格存取方式，减少动态规划算法的计算时间和空间需求。当子问题空间中的部分子问题可不必求解时，采用备忘录方法则较有利，因为从其控制结构可以看出，该方法只需求解那些确实需要求解的子问题。

4.1.3 动态规划算法的解题步骤

动态规划算法的有效性依赖于多阶段过程的最优决策序列，该序列应该具有无论过程的初始状态和初始决策是什么，其余的决策都必须相对于初始决策所产生的状态构成一个最优决策序列的性质。对于一个多阶段过程问题，上述最优决策是否存在依赖于该问题是否具有最优子结构性质，即原问题的最优解是否包含其子问题的最优解。而能否采用动态规划算法还要看该问题的子问题是否具有重叠性质。下面以具体的例子来说明如何运用动态规划算法的设计思想，并分析可采用动态规划算法求解的问题应具备的一般特征。

例 4-1　多阶段图问题。

设 $G=(V, E)$是一个赋权有向图，其顶点集 V 被划分成 $k>2$ 个不相交的子集 $V_i(i=1,2,\cdots,k)$，其中 V_1 和 V_k 分别只有一个顶点 s（称为源）和一个顶点 t（称为汇），且所有的边(u,v)的始点和终点都在相邻的两个子集 V_i 和 V_{i+1} 中，即 $u\in V_i, v\in V_{i+1}$，如图 4-2 所示。

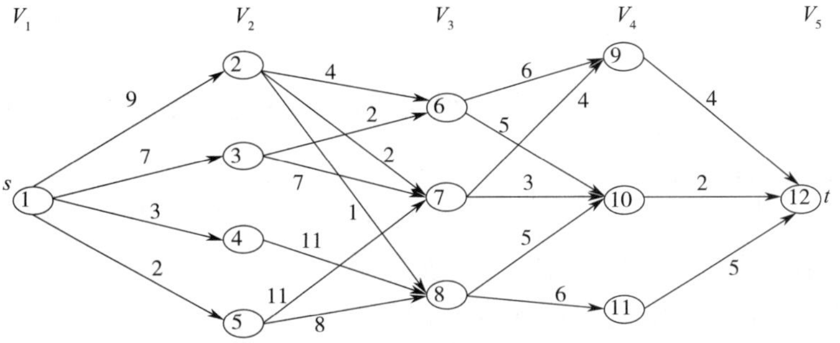

图 4-2　一个五阶段的网络图

多阶段图问题即求由 s 到 t 的最小成本路径。

对于每一条由 s 到 t 的路径，可以把它看成在 $k-2$ 个阶段做出的某个决策序列的相应结果，即第 i 步决策就是确定 V_{i+1} 中哪个顶点在这条路径上。先假设 $s, v_2, v_3, \cdots, v_{k-1}, t$ 是一条由 s 到 t 的最短路径，再假定从源点 s（初始状态）开始已经做出到顶点 v_2 的决策（初始决策），则 v_2 就是初始决策产生的状态。若将 v_2 看成原问题的子问题的初始状态，求解这个子问题就是找一条由 v_2 到 t 的最短路径。事实上，这条最短路径一定是 $v_2, v_3, \cdots, v_{k-1}, t$。不然，设 $v_2, q_3, \cdots, q_{k-1}, t$ 是一条由 v_2 到 t 的比 $v_2, v_3, \cdots, v_{k-1}, t$ 更短的路径，则 $s, v_2, q_3, \cdots, q_{k-1}, t$ 是一条由 s 到 t 的比 $s, v_2, v_3, \cdots, v_{k-1}, t$ 更短的路径，与前面的假设矛盾。这说明多阶段图问题具有最优子结构性质。

例 4-2　经典 0-1 背包问题。

有 n 件物品，第 i 件物品的体积和价值分别是 w_i 和 $p_i(i=1, 2, \cdots, n)$，要将这 n 件物品的一部分装入容量为 c 的背包中，要求每件物品或整个装入或不装入，不能分割出一部分装入。0-1 背包问题就是求解装包算法，使装入背包的物品的总价值最大。这个问题可归结为数学规划问题，即

$$\begin{cases} \max \sum\limits_{1\leqslant i\leqslant n} p_i x_i \\ \sum\limits_{1\leqslant i\leqslant n} w_i x_i \leqslant c \\ x\in\{0,1\}, i=1,2,\cdots,n \end{cases}$$

0-1 背包问题具有最优子结构性质。事实上，若 $y_1, y_2, y_3, \cdots, y_n$ 是最优解，则 $y_2, y_3, \cdots, y_n$

将是 0-1 背包问题的子问题

$$\begin{cases} \max \sum\limits_{1 \le i \le n} p_i x_i \\ \sum\limits_{2 \le i \le n} w_i x_i \le c - w_1 \\ x_i \in \{0,1\}, i = 2,3,\cdots,n \end{cases}$$

的最优解。

由于若 $y_2', y_3', \cdots, y_n'$ 是子问题的最优解，且使

$$\sum_{2 \le i \le n} p y_i' > \sum_{2 \le i \le n} p_i y_i$$

则 $y_1, y_2', \cdots, y_n'$ 将是原问题的可行解，并且使

$$p_1 y_1 + \sum_{2 \le i \le n} p_i y_i' > \sum_{2 \le i \le n} p_i y_i$$

这与 $y_1, y_2, \cdots, y_n$ 是最优解相悖。从而说明经典 0-1 背包问题具有最优子结构性质。

例 4-3　矩阵连乘问题。

给定 n 个数字矩阵 $\boldsymbol{A}_1, \boldsymbol{A}_2, \cdots, \boldsymbol{A}_n$，其中 $\boldsymbol{A}_i$ 与 $\boldsymbol{A}_{i+1}$ 是可乘的$(i=1,2,\cdots,n-1)$。求矩阵连乘 $\boldsymbol{A}_1\boldsymbol{A}_2\cdots\boldsymbol{A}_n$ 的加括号方法，以使所需的数乘次数最少。下面考察两个矩阵相乘的情形，即 $\boldsymbol{C}=\boldsymbol{AB}$，如果矩阵 $\boldsymbol{A},\boldsymbol{B}$ 分别是 $p \times r$ 和 $r \times q$ 矩阵，则它们的乘积 $\boldsymbol{C}$ 将是 $p \times q$ 矩阵，因而 $\boldsymbol{AB}$ 所需的数乘次数是 prq。如果有至少 3 个以上的矩阵连乘，则涉及乘积次序问题，即加括号方法。例如，3 个矩阵连乘的加括号方法有两种：$((\boldsymbol{A}_1\boldsymbol{A}_2)\boldsymbol{A}_3)$ 和 $(\boldsymbol{A}_1(\boldsymbol{A}_2\boldsymbol{A}_3))$。设 $\boldsymbol{A}_1,\boldsymbol{A}_2,\boldsymbol{A}_3$ 分别是 $p_0 \times p_1, p_1 \times p_2, p_2 \times p_3$ 矩阵，则以上两种乘法次序所需的数乘次数分别为 $p_0p_1p_2 + p_0p_2p_3$ 和 $p_0p_1p_3 + p_1p_2p_3$。如果 $p_0=10, p_1=100, p_2=5, p_3=50$，则以上两种乘法次序所需的数乘次数分别为 7 500 和 75 000。可见，由于加括号的方法不同，使得矩阵连乘所需的数乘次数有很大差别。

对于 n 个矩阵的连乘积，令 $P(n)$表示连乘积的完全加括号数，则有如下递归关系：

$$P(n) = \begin{cases} 1 & n = 1 \\ \sum\limits_{k=1}^{n-1} P(k)P(n-k) & n > 1 \end{cases}$$

由此不难算出 $P(n)=C(n-1)$，其中 C 表示 Catalan 数：

$$C(n) = \frac{1}{n+1}\binom{2n}{n} = \Omega(4^n / n^{3/2})$$

也就是说，$P(n)$是随 n 指数增长的，所以我们不能希望列举所有可能次序的连乘积，并从中找到具有最少数乘次数的连乘积算法。事实上，矩阵连乘积问题具有最优子结构性质，我们可以采用动态规划算法在多项式时间内找到最优的连乘积次序。用 $\boldsymbol{A}[i:j]$表示矩阵连乘积 $\boldsymbol{A}_i\boldsymbol{A}_{i+1}\cdots\boldsymbol{A}_j$ 分析计算 $\boldsymbol{A}[1:n]$的一个最优次序，设该计算次序在矩阵 $\boldsymbol{A}_k$ 和 $\boldsymbol{A}_{k+1}$ 之间将矩阵连乘积分开$(1<k<n)$，则完全加括号方式为$((\boldsymbol{A}_1\boldsymbol{A}_2\cdots\boldsymbol{A}_k)(\boldsymbol{A}_{k+1}\cdots\boldsymbol{A}_n))$，依此次序，我们先分别计算 $\boldsymbol{A}[1:k]$和 $\boldsymbol{A}[k+1:n]$，然后将计算的结果相乘可得到 $\boldsymbol{A}[1:n]$。可见，$\boldsymbol{A}[1:n]$的一个最优序所包含的矩阵计算子链 $\boldsymbol{A}[1:k]$和 $\boldsymbol{A}[k+1:n]$的次序也一定是最优的。也就是说，矩阵连乘问题具有最优子结构性质。

以上三个例子都具有最优子结构性质，该性质决定了求解此类问题的基本思路：首先确定原问题的最优值和其子问题的最优值之间的递推关系，然后自底向上递归地构造出最优解。最优子结构性质是最优化原理得以采用的先决条件。一般来说，分阶段选择策略确定最优解的问题往往会形成一个决策序列。Bellman 认为，利用最优化原理以及所获得的递推关系求解最优决策序列可以使枚举数量急剧下降。其中有一个问题值得注意，即最优子结构性质提示我们使用最优化原理产生的算法是递归算法，这很可能会增加时间与空间复杂度。例如，用递归式直接计算矩阵连乘积 $\boldsymbol{A}[1:n]$的算法 RecurMatrixChain 的时间复杂度将是 $\Omega(2^n)$。

```
//计算矩阵连乘的递归算法
int RecurMatrixChain(int i, int j, int p)
{
   if(i==j)return 0;
   int u=RecurMatrixChain(i,i)+RecurMatrixChain(i+1,j) +p[i-1]*p[i]*p[j];
   s[i][j]=i;
   for(int k=i+1; k<j; k++)
   {
      int t=RecurMatrixChain(i,k) +RecurMatrixChain(k+1,j) +p[i-1]*p[i]*p[j];
      if(t<u)
      {
        u=t;
        s[i][j]=k;
      }
   }
   return u;
}
```

如果用 $T(n)$表示采用该算法计算 $\boldsymbol{A}[1:n]$的时间，则有如下递归关系：

$$T(n) \geqslant \begin{cases} O(1) & n=1 \\ 1+\sum_{k=1}^{n-1}[T(k)+T(n-k)+1] & n>1 \end{cases}$$

因此，当 $n>1$ 时，有

$$T(n) \geqslant 1+(n-1)+\sum_{k=1}^{n-1}T(k)+\sum_{k=1}^{n-1}T(n-k)=n+2\sum_{k=1}^{n-1}T(k)$$

据此，可用数学归纳法证明 $T(n) \geqslant 2^{n-1}=\Omega(2^n)$，这显然不是我们所期待的。注意到，在采用递归算法自顶向下求解具有最优子结构性质的问题时，每次产生的子问题并不总是新问题，有些子问题会被反复计算多次。动态规划算法正是利用了这种子问题的重叠性质，对每一个子问题只解一次，而后将其解保存在一个表格中，当再次需要求解此子问题时，只是简单地用常数时间查看该子问题的解即可。通常，不同的子问题个数随输入问题的大小呈多项式增长。因此,用动态规划算法通常只需要多项式时间,从而获得较高的效率,则可用动态规划算法求解的问题应具备子问题的重叠性质。

例如,在矩阵连乘积问题中,若用 $m[i][j]$表示由第 i 个矩阵到第 j 个矩阵的连乘积所需的最少数乘次数,则计算 $m[1][n]$时的子问题共有 $\theta(n^2)$ 个。这是因为对于 $1 \leqslant i \leqslant j \leqslant n$ 不同的有序对(i, j)对应于不同的子问题,不同子问题的个数最多只有 $\binom{n}{2} + n = \theta(n^2)$ 个。采用动态规划算法解决该问题时,在计算过程中保存已求解的子问题答案,每个子问题只计算一次,而在后面用到时可直接查找,从而避免了大量重复计算。

```
//求矩阵连乘最优次序的动态规划算法
void MatrixChain(int p, int n, int * *m, int **s)
{
  for (int i=1;i<=n; i++) m[i][i]=0;
  for (int r=2;r<=n; r++)
  {
    for (int i=1;i<=n-r+1;i+)
    int j=i+r-1;
    m[i][j]= m[i+1][j]+p[i-1]*p[i]*p[j];
    s[i][j]=i;
    for(int k=i+1; k<j; k++)
    {
         int t= m[i][k]+ m[k+1][j]+p[i-1]*p[k]*p[j];
         if(t< m[i][j])
         {
           m[i][j]=t;
           s[i][j]=k;
         }
    }
  }
}
```

算法 MatrixChain 的主要计算量取决于程序中对 r, i 和 k 的三重循环,循环体内的计算量为 $O(1)$,三重循环的总次数是 $O(n^3)$,所以该算法的计算时间上界为 $O(n^3)$。注意,上述算法只是明确给出了矩阵最优连乘次序所需的数乘次数 $m[1][n]$,并未明确给出最优连乘次序,即完全加括号方法。但是以 $s[i][j]$为元素的二维数组却给出了足够的信息。事实上,$s[i][j]=k$,说明计算连乘积 $\boldsymbol{A}[i:j]$的最佳方式应该在矩阵 $\boldsymbol{A}_k$ 和 $\boldsymbol{A}_{k+1}$ 之间断开,即最优加括号方式为$(\boldsymbol{A}[i:k])(\boldsymbol{A}[k+1:j])$。下面的算法 Traceback 按算法 MatrixChain 计算出的断点信息 s 指示的加括号方式输出计算 $\boldsymbol{A}[i:j]$的最优次序。

```
//根据最优值算法构造最优解
void Traceback(int i,int j,int** s)
{
   if(i==j) return;
   Traceback(i,s[i][j],s);
   Traceback(s[i][j]+1,j,s);
   cout <<"Multiply A" << i <<","<< s[i][j];
   cout <<"and A"<<(s[i][j] +1)<<","<< j; << endl;
}
```

总结上面求解矩阵连乘问题,我们可以归纳出使用动态规划算法的基本步骤如下。

1. 分析最优解的结构

确定要解决的问题应该具有最小子结构性质,这是选择动态规划算法的基础。

2. 建立递归关系

上一步的结构分析为建立递归关系奠定了基础,现需要递归地定义最优值,并建立该问题与其子问题最优值之间的递归关系。例如,在矩阵连乘积问题中,递归关系为

$$m[i,j]=\begin{cases}0 & i=j\\ \min\limits_{i\leqslant k<j}\{m[i,k]+m[k+1,j]+p_{i-1}p_kp_j\} & i<j\end{cases}$$

在经典 0-1 背包问题中的递归关系为

$$m(i,j)=\begin{cases}\max\{m(i+1,j),m(i+1,j-w_i)+v_i\} & j\geqslant w_i\\ m(i+1,j) & 0\leqslant j<w_i\end{cases}$$

$$m(n,j)=\begin{cases}v_n & j\geqslant w_n\\ 0 & 0\leqslant j<w_n\end{cases}$$

在多阶段图问题中的递归关系为

$$\cos t(i,j)=\min_{\substack{k\in V_{i+1}\\ (j,k)\in E}}\{c(j,k)+\cos t(i+1,k)\}$$

其中,j 表示取 v_i 中的顶点 j。

3. 计算最优值

依据递归关系可以采用自底向上或自顶向下的方式进行计算,在计算过程中保存已经解决的子问题答案。每个子问题只计算一次,而在后面需要时只需直接查找,从而避免大量的重复计算,最终获得多项式时间的算法。

4. 构造最优解

依据求最优值时记录的信息,构造出最优解。

上述归纳的 4 个步骤是一个整体,必要时才分步完成,很多时候是统一完成的。

通过上述例子可知,动态规划算法多种多样,但它们具有相同的填表格式,且动态规划算法适用于求解最优化问题。

其中,步骤 1 至 3 是动态规划算法的基本步骤,在只需要求出最优值的情形下,步骤 4 可以省去。若需要求出问题的最优解,则必须执行步骤 4。此时,在步骤 3 中计算最优值

时，通常需记录更多的信息，以便在步骤 4 中根据所记录的信息，快速构造出一个最优解。

4.1.4 动态规划算法与贪心算法的区别

动态规划算法与贪心算法都要求问题具有最优子结构性质，这是两者的一个共同点。但贪心算法是指从问题的初始状态出发，通过若干次的贪心选择而得出最优值（或较优解）的一种解题方法，贪心策略总是做出在当前看来是最优的选择，并不是从总体上加以考虑，它所做的选择只是在某种意义上的局部最优解。贪心算法采用自顶向下的顺序，以迭代的方法做出相继的贪心选择，每做一次贪心选择就将所求问题简化为一个规模更小的子问题，通过一步一步的贪心选择，最终可得到问题的一个最优解。

动态规划算法是在每一步判断的时候只需考虑与它有关的前一步的情况，而与以前的各步的判断没有关系，解决这类问题的方法是把问题化成多步判断的问题，在每步做出判断时，只考虑由初始决策所确定的当前状态。动态规划算法采用自底向上的顺序找到边界条件，将整个问题的最优解与问题的局部最优解用递推的等式联系起来，再把边界条件代入递推等式逐步求得最优解。

在动态规划算法中，每步所做出的选择往往依赖于相关子问题的解，因而只有在解出相关子问题后，才能做出选择。而在贪心算法中，仅在当前状态下做出最好选择，即局部最优选择，然后再求解做出这个选择后产生的相应的子问题。贪心算法所做出的贪心选择可以依赖于以往所做过的选择，但绝不依赖于将来所做的选择，也不依赖于子问题的解。正是由于这种差别，动态规划算法常以自底向上的方式求解各子问题，而贪心算法则常以自顶向下的方式，并以迭代的方式做出相继的贪心选择，每做出一次贪心选择就将所求问题简化为规模更小的子问题。与贪心算法相同的是，在动态规划算法中，可将一个问题的解决方案视为一系列决策的结果；不同的是，在贪心算法中，每用一次贪心准则便做出一个不可撤回的决策，而在动态规划算法中，还要考察每个最优决策序列中是否包含一个最优子序列。

当一个问题具有最优子结构性质时，我们会想到采用动态规划算法去求解它，但是有些问题有更简单、有效的方法，只要我们总是做出当前看来最好的选择即可。贪心算法所做的选择可以依赖于以往所做过的选择，但绝不依赖于将来的选择，也不依赖于子问题的解，这使得贪心算法在编码和执行的过程中都有一定的速度优势。如果一个问题可以同时采用几种方法求解，贪心算法应该是最好的选择之一。但是，贪心算法并不是对所有的问题都能得到整体最优解或最理想的近似解，与回溯法等相比，它的适用范围相对狭窄，因此正确地判断贪心算法的应用时机十分重要。

4.2 动态规划算法实例

4.2.1 矩阵连乘问题

下面考虑将 n 个矩阵连乘的问题，这是采用动态规划算法的一个著名例子。给定 n 个矩阵 $\boldsymbol{A}_1$，$\boldsymbol{A}_2$，…，$\boldsymbol{A}_n$，其中 $\boldsymbol{A}_i$ 与 $\boldsymbol{A}_{i+1}$ 是可乘的(i=1，2，…，n−1)，考察这 n 个矩阵的连乘积

$A_1A_2\cdots A_n$。由于矩阵乘法满足结合律，故计算矩阵的连乘积可以有许多不同的计算次序，这种计算次序可以用加括号的方式确定。若一个矩阵连乘积的计算次序完全确定，也就是说该连乘积已完全加括号，则可根据此次序反复调用 2 个矩阵相乘的标准算法计算矩阵连乘积。完全加括号的矩阵连乘积可递归地定义如下：

（1）单个矩阵是完全加括号的；

（2）矩阵连乘积 $\boldsymbol{A}$ 是完全加括号的，则 $\boldsymbol{A}$ 可表示为 2 个完全加括号的矩阵连乘积 $\boldsymbol{B}$ 和 $\boldsymbol{C}$ 的乘积并加括号，即 $\boldsymbol{A}=(\boldsymbol{BC})$。

例如，矩阵连乘积 $A_1A_2A_3A_4$ 可以有以下 5 种不同的完全加括号方式：$(A_1(A_2(A_3A_4)))$，$(A_1((A_2A_3)A_4))$，$((A_1A_2)(A_3A_4))$，$((A_1(A_2A_3))A_4)$，$(((A_1A_2)A_3)A_4)$。以上每一种完全加括号方式对应一种矩阵连乘积的计算次序，而矩阵连乘积的计算次序与其计算量有密切关系。

首先考虑计算两个矩阵乘积所需的计算量。计算两个矩阵乘积的标准算法如下，其中 *ra*，*ca* 和 *rb*，*cb* 分别表示矩阵 $\boldsymbol{A}$ 和 $\boldsymbol{B}$ 的行数和列数。

```
    void matrixMultiply(int * *a,  int * *b,  int * *c,  int ra,  int ca,  int
rb,  int cb)
    {
      if (ca!= rb) error ("矩阵不可乘");
      for (int i= 0; i< ra; i++)
        for(int j=0;j< cb; j++)
        {
          int sum a[i][0]* b[0][j];
          for (int k=1; k< ca; k++)
          sum+= a[i][k]* b[k][[j];
          c[i][j]= sum;
        }
    }
```

矩阵 $\boldsymbol{A}$ 和 $\boldsymbol{B}$ 可乘的条件是矩阵 $\boldsymbol{A}$ 的列数等于矩阵 $\boldsymbol{B}$ 的行数。若 $\boldsymbol{A}$ 是一个 $p\times q$ 矩阵，$\boldsymbol{B}$ 是一个 $q\times r$ 矩阵，则其乘积 $\boldsymbol{C}=\boldsymbol{AB}$ 是一个 $p\times r$ 矩阵。在上述计算 $\boldsymbol{C}$ 的标准算法中，主要计算量在三重循环，总共需要 pqr 次数乘。

为了说明在计算矩阵连乘积时加括号方式对整个计算量的影响，考察计算 3 个矩阵 A_1，A_2，A_3 的连乘积。设这 3 个矩阵的维数分别为 10×100，100×5 和 5×50。若按第一种加括号方式$((A_1A_2)A_3)$计算，这 3 个矩阵连乘积需要的数乘次数为 10×100×5+10×5×50=7 500。若按第二种加括号方式$(A_1(A_2A_3))$计算，这 3 个矩阵连乘积需要的数乘次数为 100×5×50+10×100×50=75 000。可知第二种加括号方式的计算量是第一种加括号方式计算量的 10 倍。由此可见，在计算矩阵连乘积时，加括号方式即计算次序对计算量有很大影响。于是，人们自然会提出矩阵连乘积的最优计算次序问题，即对于给定的相继 n 个矩阵 A_1，A_2，…，A_n（其中矩阵 A_i 的维数为 $p_{i-1}\times p_i(i=1, 2, \cdots, n)$），如何确定计算矩阵连乘积 $A_1A_2\cdots A_n$ 的计算次序（完全加括号方式),以使得依此次序计算矩阵连乘积需要的数乘次数最少。

穷举搜索法是最容易想到的方法,也就是列举出所有可能的计算次序,并计算出每一种计算次序相应需要的数乘次数,从中找出一种数乘次数最少的计算次序,但这样做计算量太大。事实上,对于 n 个矩阵的连乘积,设有不同的计算次序 $P(n)$。可以先在第 k 个和第 $k+1$ 个矩阵之间将原矩阵序列分为两个矩阵子序列($k=1, 2, \cdots, n-1$);然后分别对这两个矩阵子序列完全加括号;最后对所得的结果加括号,得到原矩阵序列的一种完全加括号方式。由此,可以得到关于 $P(n)$的递归关系:

$$P(n)=\begin{cases}1 & n=1\\ \sum_{k=1}^{n-1}P(k)P(n-k) & n>1\end{cases}$$

解递归方程可得,$P(n)$实际上是 Catalan 数,即 $P(n)=C(n-1)$,且

$$C(n)=\frac{1}{n+1}\binom{2n}{n}=\Omega(4^n/n^{3/2})$$

也就是说,$P(n)$是随 n 的增长呈指数增长的。因此,穷举搜索法不是一个有效算法。

下面考虑采用动态规划算法求解矩阵连乘积的最优计算次序问题。如前所述,按以下几个步骤进行。

1. 分析最优解的结构

设计求解具体问题的动态规划算法的第 1 步是刻画该问题的最优解的结构特征。为方便起见,将矩阵连乘积 $\boldsymbol{A}_i\boldsymbol{A}_{i+1}\cdots\boldsymbol{A}_j$ 简记为 $\boldsymbol{A}[i:j]$,考察计算 $\boldsymbol{A}[1:n]$的最优计算次序。设该计算次序在矩阵 $\boldsymbol{A}_k$ 和 $\boldsymbol{A}_{k+1}$ 之间将矩阵链断开($1\leq k<n$),则其相应的完全加括号方式为$((\boldsymbol{A}_1\cdots\boldsymbol{A}_k)(\boldsymbol{A}_{k+1}\cdots\boldsymbol{A}_n))$。依此次序,首先计算 $\boldsymbol{A}[1:k]$和 $\boldsymbol{A}[k+1:n]$,然后将两个计算结果相乘得到 $\boldsymbol{A}[1:n]$,依此计算次序总计算量为 $\boldsymbol{A}[1:k]$的计算量加上 $\boldsymbol{A}[k+1:n]$的计算量,再加上 $\boldsymbol{A}[1:k]$和 $\boldsymbol{A}[k+1:n]$相乘的计算量。

该问题的一个关键特征是计算 $\boldsymbol{A}[1:n]$的最优次序所包含的计算矩阵子链 $\boldsymbol{A}[1:k]$和 $\boldsymbol{A}[k+1:n]$的次序也是最优的。事实上,若有一个计算 $\boldsymbol{A}[1:k]$的次序需要的计算量更少,则用此次序替换原来计算 $\boldsymbol{A}[1:k]$的次序,得到的计算 $\boldsymbol{A}[1:n]$的计算量将比最优次序所需计算量更少,与前面矛盾。同理可知,计算 $\boldsymbol{A}[1:n]$的最优次序所包含的计算矩阵子链 $\boldsymbol{A}[k+1:n]$的次序也是最优的。

因此,矩阵连乘积计算次序问题的最优解包含其子问题的最优解,即具有最优子结构性质。问题的最优子结构性质是该问题可用动态规划算法求解的显著特征。

2. 建立递归关系

设计动态规划算法的第 2 步是递归地定义最优值。对于矩阵连乘积的最优计算次序问题,设计算 $\boldsymbol{A}[i:j]$($1\leq i\leq j\leq n$)所需的最少数乘次数为 $m[i][j]$,则原问题的最优值为 $m[1][n]$。

当 $i=j$ 时,$\boldsymbol{A}[i:j]=\boldsymbol{A}_i$ 为单一矩阵,无须计算,因此 $m[i][i]=0(i=1,2,\cdots,n)$。

当 $i<j$ 时,可利用最优子结构性质来计算 $m[i][j]$。事实上,若计算 $\boldsymbol{A}[i:j]$的最优次序为在矩阵 $\boldsymbol{A}_k$ 和 $\boldsymbol{A}_{k+1}$ 之间将矩阵链断开($i\leq k<j$),则 $m[i][j]=m[i][k]+m[k+1][j]+p_{i-1}p_kp_j$。由于在计算时并不知道断开点 k 的位置,所以 k 还未定。不过 k 的位置只有 $j-i$ 个可能,即 $k\in\{i, i+1,\cdots,j-1\}$。因此,$k$ 是这 $j-i$ 个位置中使计算量达到最小的那个位置。从而,$m[i][j]$可以递

归地定义为

$$m[i][j]=\begin{cases}0 & i=j\\ \min\limits_{i\leq k<j}\{m[i][k]+m[k+1][j]+p_{i-1}p_kp_j\} & i<j\end{cases}$$

$m[i][j]$给出了最优值，即计算 $A[i:j]$所需的最少数乘次数；同时还确定了计算 $A[i:j]$的最优次序中的断开位置 k，也就是说，对于这个 k 有

$$m[i][j]=m[i][k]+m[k+1][j]+p_{i-1}p_kp_j$$

若将对应于 $m[i][j]$的断开位置 k 记为 $s[i][j]$，在计算出最优值 $m[i][j]$后，可递归地由 $s[i][j]$构造出相应的最优解。

3. 计算最优值

根据计算 $m[i][j]$的递归式，可较容易地写一个递归算法计算 $m[1][n]$。稍后将看到，简单地递归计算将耗费指数计算时间。注意到，在递归计算过程中，不同的子问题个数只有 $\theta(n^2)$ 个。事实上，对于 $1\leq i\leq j\leq n$ 不同的有序对(i, j)对应于不同的子问题，因此不同子问题的个数最多只有 $\binom{n}{2}+n=\theta(n^2)$ 个。由此可见，在递归计算时，许多子问题被重复计算多次，这也是该问题可用动态规划算法求解的又一显著特征。

采用动态规划算法求解此问题，可依据其递归式以自底向上的方式进行计算。在计算过程中，保存已求解的子问题答案。每个子问题只计算一次，而在后面需要时只需直接查找对应子问题的答案，从而避免了大量的重复计算，最终得到多项式时间的算法。下面所给出的动态规划算法 MatrixChain 中，输入参数$\{p_0, p_1, \cdots, p_n\}$存储于数组 p 中，该算法除输出最优值数组 m 外，还输出记录最优断开位置的数组 s。

```
void MatrixChain(int *p, int n, int **m,  int** s)
{
   for(int i= 1;i<= n; i++) m[i][i]= 0;
   for(int r= 2;r<= n; r++)
      for(int i= 1;i<= n-r+1; i++)
      {
          int j= i+r-1;
          m[i][j]= m[i+1][j]+ p[i-1]* p[i]* p[j];
          s[i][j]= i;
      for (int k= i+1; k<j; k++)
      {
          int t= m[i][k]+ m[k+1][j]+p[i-1]*p[k]*p[j];
          if(t< m[i][j])
          {
```

```
            m[i][j]= t;s[i][j] = k;
          }
        }
      }
    }
```

算法 MatrixChain 首先计算出 $m[i][i]=0(i=1,2,\cdots,n)$；然后再根据递归式，按矩阵链长递增的方式依次计算 $m[i][i+1]$（$i=1,2,\cdots,n-1$，矩阵链长度为 2），$m[i][i+2]$（$i=1,2,\cdots,n-2$，矩阵链长度为 3）等。在计算 $m[i][j]$时，只用到已计算出的 $m[i][k]$和 $m[k+1][j]$。

例 4-4 设要计算矩阵连乘积 $\boldsymbol{A}_1\boldsymbol{A}_2\boldsymbol{A}_3\boldsymbol{A}_4\boldsymbol{A}_5\boldsymbol{A}_6$，其中各矩阵的维数分别为

$\boldsymbol{A}_1$	$\boldsymbol{A}_2$	$\boldsymbol{A}_3$	$\boldsymbol{A}_4$	$\boldsymbol{A}_5$	$\boldsymbol{A}_6$
30×35	35×15	15×5	5×10	10×20	20×25

采用动态规划算法 MatrixChain 计算 $m[i][j]$的先后次序如图 4-3（a）所示；计算结果 $m[i][j]$和 $s[i][j](1\leqslant i\leqslant j\leqslant n)$分别如图 4-3（b）和（c）所示。

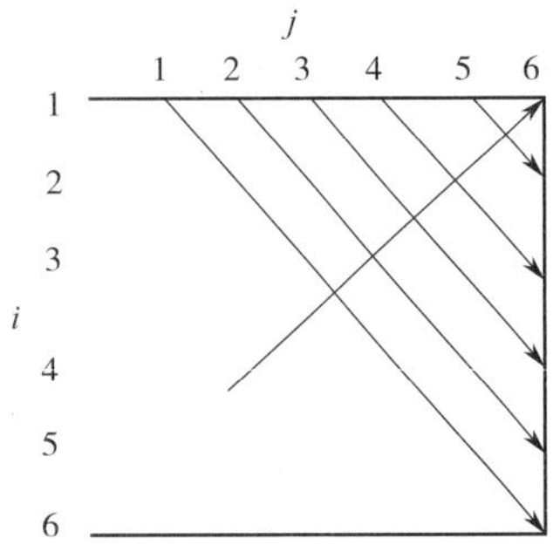

计算次序

（a）

i \ j	1	2	3	4	5	6
1	0	15 750	7 875	9 375	11 875	15125
2		0	2 625	4 375	7 125	10 500
3			0	750	2 500	5 375
4				0	1 000	3 500
5					0	5 000
6						0

$m[i,j]$

（b）

i \ j	1	2	3	4	5	6
1	0	1	1	3	3	3
2		0	2	3	3	3
3			0	3	3	3
4				0	4	5
5					0	5
6						0

$s[i,j]$

（c）

图 4-3 计算 $m[i][j]$的过程

例如，在计算 $m[2][5]$时，根据递归式有

$$m[2][5]=\min\begin{cases} m[2][2]+m[3][5]+p_1p_2p_5=0+2\ 500+35\times15\times20=13\ 000 \\ m[2][3]+m[4][5]+p_1p_3p_5=2\ 625+1\ 000+35\times5\times20=7\ 125 \\ m[2][4]+m[5][5]+p_1p_4p_5=4\ 375+0+35\times10\times20=11\ 375 \end{cases}$$

$$=7\ 125$$

且 $k=3$，因此 $s[2][5]=3$。

算法 MatrixChain 的主要计算量为程序中对 r，i 和 k 的三重循环。循环体内的计算量为 $O(1)$，而三重循环的总次数为 $O(n^3)$，因此该算法的计算时间上界为 $O(n^3)$。该算法所占用的空间显然为 $O(n^2)$。由此可见，动态规划算法比穷举搜索法要有效得多。

4. 构造最优解

动态规划算法的第 4 步是构造问题的最优解。算法 MatrixChain 只是计算出了最优值，并未给出最优解。也就是说，通过 MatrixChain 的计算，只知道最少数乘次数，还不知道具体应按什么次序来完成矩阵乘法才能达到最少的数乘次数。

事实上，MatrixChain 已经记录了构造最优解所需要的全部信息。$s[i][j]$中的数表明，计算矩阵链$\boldsymbol{A}[i:j]$的最佳方式是应在矩阵$\boldsymbol{A}_k$和$\boldsymbol{A}_{k+1}$之间断开矩阵链，即最优的加括号方式应为$(\boldsymbol{A}[i:k])(\boldsymbol{A}[k+1:j])$。因此，从$s[1][n]$记录的信息可知计算$\boldsymbol{A}[1:n]$的最优加括号方式为$(\boldsymbol{A}[1:s[1][n]])(\boldsymbol{A}[s[1][n]+1:n])$，而$\boldsymbol{A}[1:s[1][n]]$的最优加括号方式为$(\boldsymbol{A}[1:s[1][s[1][n]]])(\boldsymbol{A}[s[1][s[1][n]]+1:s[1][s[1][n]]])$。同理，可以确定$\boldsymbol{A}[s[1][n]+1:n]$的最优加括号方式是在$s[s[1][n]+1][n]$处断开，照此递推下去，最终可以确定$\boldsymbol{A}[1:n]$的最优完全加括号方式，即构造出问题的一个最优解。

下面的算法 Traceback 按算法 MatrixChain 计算出的断点矩阵 **s** 指示的加括号方式输出计算$\boldsymbol{A}[i:j]$的最优计算次序。

```
void Traceback(int i, int j, int**s)
{
    if(i==j) return;
    Traceback(i, s[i][j], s);
    Traceback(s[i][j+1], j, s);
    cout<< "Multiply A"<< i<<","<< s[i][j];
    and A"<<(s[i][j]+1)<<","<< j<< endl;
}
```

要输出$\boldsymbol{A}[1:n]$的最优计算次序，只要调用 Traceback(1,*n*,*s*)即可。对于上面所举的例子，通过调用 Traceback(1,6,*s*)，即可输出最优计算次序$((\boldsymbol{A}_1(\boldsymbol{A}_2\boldsymbol{A}_3))((\boldsymbol{A}_4\boldsymbol{A}_5)\boldsymbol{A}_6))$。

4.2.2 最长公共子序列问题

在生物研究中，经常需要比较两个（或多个）不同生物体的 DNA。一个 DNA 串由一串称为碱基（base）的分子组成，碱基有腺嘌呤、鸟嘌呤、胞嘧啶和胸腺嘧啶等 4 种类型。我们通常用英文单词首字母表示 4 种碱基，这样就可以将一个 DNA 串表示为有限集{A，G，C，T}上的一个字符串。例如，某种生物的 DNA 串可能为S_1=ACCGGTCGAGTGCGCGGAAGCCGGCCGAA，另一种生物的 DNA 串可能为S_2=GTCGTTCGGAATGCCGTTGCTCTGTAAA。我们比较这两个 DNA 串的一个原因是希望确定它们的“相似度”，以作为度量两种生物相近程度的指标。我们可以用很多不同的方式定义相似度，实际上也确实已经出现了很多相似度的定义。例如，如果一个 DNA 串是另一个 DNA 串的子串，那么可以说它们是相似的。但在上面给出的例子中，S_1和S_2都不是对方的子串。我们还可以这样来定义相似性：如果将一个串转换为另一个串所需的操作很少，那么可以说两个串是相似的。另一种衡量串S_1和S_2的相似度的方式是寻找第三个串S_3，它的所有碱基也都出现在S_1和S_2中，且在三个串中出现的顺序都相同，但在S_1和S_2中不要求连续出现。可以找到的S_3越长，就可以认为S_1和S_2的相似度越高。在上面给出的例子中，最长的S_3为 GTCGTCGGAAGCCGGCCGAA。

我们将最后一种相似度的衡量方法命名为最长公共子序列问题（longest-common-subsequence problem）。一个给定序列的子序列，就是将给定序列中零个或多个元素去掉后得到的结果。其形式化定义如下：给定一个序列 $X=\langle x_1,x_2,\cdots,x_m\rangle$，另一个序列 $Z=\langle z_1,z_2,\cdots,z_k\rangle$ 满足如下条件时称为 X 的子序列（subsequence），即存在一个严格递增的 X 的下标序列 $\langle i_1,i_2,\cdots,i_k\rangle$，对所有 j=1，2，…，k，满足 $x_{i_j}=z_j$。例如，Z=⟨B，C，D，B⟩ 是 X=⟨A，B，C，B，D，A，B⟩ 的子序列，对应的下标序列为 ⟨2，3，5，7⟩。

给定两个序列 X 和 Y，如果 Z 既是 X 的子序列，也是 Y 的子序列，我们称它是 X 和 Y 的公共子序列（common subsequence）。例如，如果 X=⟨A，B，C，B，D，A，B⟩，Y=⟨B，D，C，A，B，A⟩，那么序列 ⟨B，C，A⟩ 就是 X 和 Y 的公共子序列；但它不是 X 和 Y 的最长公共子序列（LCS），因为它长度为 3，而 ⟨B，C，B，A⟩ 也是 X 和 Y 的公共子序列，其长度为 4。⟨B，C，B，A⟩ 和 ⟨B，D，A，B⟩ 都是 X 和 Y 的最长公共子序列，因为 X 和 Y 不存在长度大于或等于 5 的公共子序列。

最长公共子序列问题，即给定两个序列 $X=\langle x_1,x_2,\cdots,x_m\rangle$ 和 $Y=\langle y_1,y_2,\cdots,y_n\rangle$，求 X 和 Y 长度最长的公共子序列。下面介绍如何用动态规划算法高效地求解 LCS 问题。

1. 分析最优解的结构，刻画最长公共子序列的特征

如果采用暴力搜索法求解 LCS 问题，就要穷举 X 的所有子序列，对每个子序列检查其是否也是 Y 的子序列，并记录找到的最长子序列。X 的每个子序列对应 X 的下标集合{1，2，…，m}的一个子集，所以 X 有 2^m 个子序列，可知暴力搜索法的运行时间为指数阶，对较长的序列是不实用的。

但是，如下面的定理所示，LCS 问题具有最优子结构性质。我们将看到，子问题的自然分类对应两个输入序列的“前缀”对。前缀的严谨定义如下：给定一个序列 $X=\langle x_1,x_2,\cdots,x_m\rangle$，对 i=0，1，…，m，定义 X 的第 i 前缀为 $X_i=\langle x_1,x_2,\cdots,x_i\rangle$。例如，若 X=⟨A，B，C，B，D，A，B⟩，则 X_4=⟨A，B，C，B⟩，X_0 为空串。

定理 4-1（LCS 的最优子结构） 令 $X=\langle x_1,x_2,\cdots,x_m\rangle$ 和 $Y=\langle y_1,y_2,\cdots,y_n\rangle$ 为两个序列，$Z=\langle z_1,z_2,\cdots,z_k\rangle$ 为 X 和 Y 的任意 LCS。

（1）如果 $x_m=y_n$，则 $z_k=x_m=y_n$，且 Z_{k-1} 是 X_{m-1} 和 Y_{n-1} 的一个 LCS。

（2）如果 $x_m\neq y_n$，那么 $z_k\neq x_m$ 意味着 Z 是 X_{m-1} 和 Y 的一个 LCS。

（3）如果 $x_m\neq y_n$，那么 $z_k\neq y_n$ 意味着 Z 是 X 和 Y_{n-1} 的一个 LCS。

证明 （1）如果 $z_k\neq x_m$，那么可以将 $x_m=y_n$ 追加到 Z 的末尾，得到 X 和 Y 的一个长度为 k+1 的公共子序列，与 Z 是 X 和 Y 的最长公共子序列的假设矛盾。因此，必然有 $z_k=x_m=y_n$。

由此可知，前缀 Z_{k-1} 是 X_{m-1} 和 Y_{n-1} 的一个长度为 k−1 的公共子序列，我们希望证明它是一个 LCS。利用反证法，假设存在 X_{m-1} 和 Y_{n-1} 的一个长度大于 k−1 的公共子序列 W，则将 $x_m=y_n$ 追加到 W 的末尾会得到 X 和 Y 的一个长度大于 k 的公共子序列，与前面矛盾。

（2）如果 $z_k\neq x_m$，那么 Z 是 X_{m-1} 和 Y 的一个公共子序列。如果存在 X_{m-1} 和 Y 的一个长度大于 k 的公共子序列 W，那么 W 也是 X_m 和 Y 的公共子序列，与 Z 是 X 和 Y 的最长公共子序列的假设矛盾。

（3）与情况（2）对称。

两个序列的 LCS 包含两个序列的前缀的 LCS，因此 LCS 问题具有最优子结构性质。

后续递归算法也能看出该问题具有子问题重叠性质。

2. 建立递归关系

在求 $X=\langle x_1,x_2,\cdots,x_m\rangle$ 和 $Y=\langle y_1,y_2,\cdots,y_n\rangle$ 的一个 LCS 时，我们需要求解一个或两个子问题。如果 $x_m=y_n$，我们应该求解 X_{m-1} 和 Y_{n-1} 的一个 LCS，再将 $x_m=y_n$ 追加到这个 LCS 的末尾，就得到 X 和 Y 的一个 LCS。如果 $x_m\neq y_n$，我们必须求解两个子问题，即 X_{m-1} 和 Y 的一个 LCS 与 X 和 Y_{n-1} 的一个 LCS，两个 LCS 较长者即为 X 和 Y 的一个 LCS。由于这些情况覆盖了所有可能性，因此我们知道必然有一个子问题的最优解出现在 X 和 Y 的 LCS 中。

由此可以很容易看出，LCS 问题具有重叠子问题性质。为了求 X 和 Y 的一个 LCS，需要求 X 和 Y_{n-1} 的一个 LCS 及 X_{m-1} 和 Y 的一个 LCS。但是这几个子问题都包含求解 X_{m-1} 和 Y_{n-1} 的 LCS 的子问题。

与矩阵连乘积问题相似，设计 LCS 问题的递归算法首先要建立最优解的递归式。我们定义 $c[i,j]$表示 X_i 和 Y_i 的 LCS 的长度。如果 i=0 或 j=0，即一个序列长度为 0，那么 LCS 的长度为 0。根据 LCS 问题的最优子结构性质，可得如下递归式：

$$c[i,j]=\begin{cases}0 & i=0\text{或}j=0\\ c[i-1,j-1]+1 & i,j>0\text{且}x_i=y_j\\ \max\{c[i,j-1],c[i-1,j]\} & i,j>0\text{且}x_i\neq y_j\end{cases}$$

注意到，在递归式中，我们通过限制条件限定了需要求解哪些子问题。当 $x_i=y_i$ 时，我们可以而且应该求解子问题，即 X_{i-1} 和 Y_{i-1} 的一个 LCS；否则，应该求解两个子问题，即 X_i 和 Y_{j-1} 的一个 LCS 及 X_{i-1} 和 Y_i 的一个 LCS。在前面讨论过的矩阵连乘积问题的动态规划算法中，根据问题的条件，我们没有排除任何子问题。不过，LCS 问题并非唯一根据条件排除子问题的动态规划算法，如编辑距离问题也具有这种特点。

3. 计算最优值(即计算 LCS 的长度)

根据前面的递归式，我们可以很容易地写出一个指数时间的递归算法来计算两个序列的 LCS 的长度。但是，由于 LCS 问题只有 $\theta(mn)$个不同的子问题，我们可以采用动态规划算法自底向上地进行计算。

LCS-LENGTH 接收两个序列 $X=\langle x_1,x_2,\cdots,x_m\rangle$ 和 $Y=\langle y_1,y_2,\cdots,y_n\rangle$ 为输入，并将 $c[i,j]$的值保存在表 $c[0,\cdots,m,0,\cdots,n]$中，且按行主次序(row-major order)计算表项(即首先由左至右计算 c 的第一行，然后计算第二行，依此类推)。该过程还维护一个表 $b[1,\cdots,m,1,\cdots,n]$，帮助构造最优解，$b[i,j]$指向的表项对应计算 $c[i,j]$时所选择的子问题最优解。过程返回表 b 和表 c，$c[m,n]$保存 X 和 Y 的 LCS 的长度。

```
LCS-LENGTH(X,Y)
    m=X.length
    n=Y.length
    let b[1..m,1..n]and c[0..m,0..n]be new tables
    for i=1 to m
        c[i,0]=0
```

```
    for j=0 to n
        c[0, j]=0
    for i=1 to m
        for j=1 to n
            if x_i==y_j
                c[i, j]=c[i-1, j-1]+1
                b[i, j]="↖"
            else if c[i-1, j]>=c[i, j-1]
                c[i, j]=c[i-1, j]
                b[i, j]="↑"
            else c[i, j]=c[i, j-1]
                b[i, j]="←"
return c and b
```

图 4-4 所示为 LCS-LENGTH 对输入序列 X=⟨A, B, C, B, D, A, B⟩ 和 Y=⟨B, D, C, A, B, A⟩ 生成的结果。此过程的运行时间为 $\theta(mn)$，每个表项的计算时间为 $\theta(1)$。

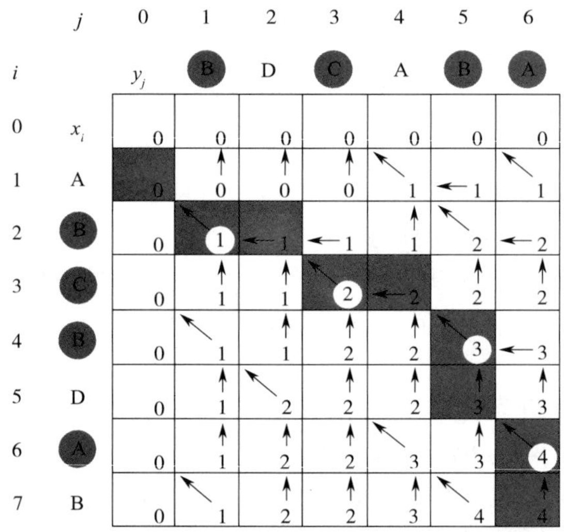

图 4-4　LCS-LENGTH 对两个输入序列生成的结果

图 4-4 中给出了 LCS-LENGTH 对 X=⟨A, B, C, B, D, A, B⟩ 和 Y=⟨B, D, C, A, B, A⟩ 计算出的表 c 和表 b。其中，第 i 行和第 j 列的方格包含 $c[i, j]$的值和 $b[i, j]$记录的箭头，表项 $c[7, 6]$（表的右下角）中的 4 即为 X 和 Y 的一个 LCS(⟨B, C, B, A⟩)的长度。对所有 $i, j>0$，表项 $c[i,j]$仅依赖于是否有 $x_i=y_j$ 以及 $c[i-1,j]$、$c[i,j-1]$和 $c[i-1,j-1]$的值，这些值都会在 $c[i,j]$之前计算出来。为了构造 LCS 中的元素，从右下角开始沿着 $b[i, j]$的箭头前进即可，如图 4-4 中阴影方格序列，阴影序列中每个“↖”对应的表项（高亮显示）表示 $x_i=y_j$ 是 LCS 的一个元素。

4. 构造最优解(即构造 LCS)

使用 LCS-LENGTH 返回的表 b 快速构造 $X=\langle x_1,x_2,\cdots,x_m\rangle$ 和 $Y=\langle y_1,y_2,\cdots,y_n\rangle$ 的 LCS，只需简单地从 $b[m,\ n]$开始，并沿箭头方向追踪下去即可。当在表项 $b[i,\ j]$中遇到一个"↖"时，意味着 $x_i=y_j$ 是 LCS 的一个元素。按照这种方法，我们可以按逆序依次构造出 LCS 的所有元素。下面的递归过程会按正确的顺序打印出 X 和 Y 的一个 LCS，对它的起始调用为 PRINT-LCS(b,X,X.length,Y.length)。

```
PRINT-LCS(b, x, i, j)
  if i==0 or j==0
  return
  if b[i,j]=="↖"
    PRINT-LCS(b, x, i-1, j-1)
    print x_i;
  else if b[i,j]== "↑"
    PRINT-LCS(b, x, i-1, j)
  else PRINT-LCS(b, x, i, j-1)
```

对图 4-4 中的表 b，此过程会打印出 BCBA。此过程的运行时间为 $O(m+n)$，每次递归调用 i 和 j 至少有一个会减少 1。

5. 算法改进

一旦设计出一个算法，通常情况下都会发现它在时空开销上有改进的余地。一些改进可以简化代码，将性能提高常数倍，但除此之外不会产生性能方面的渐近性提升。而另一些改进则可以带来时空开销上巨大的渐近性改进。

例如，对 LCS 算法，我们完全可以去掉表 b，每个 $c[i,\ j]$项只依赖于表 c 中的其他三项，即 $c[i-1,j]$、$c[i,j-1]$和 $c[i-1,j-1]$。给定 $c[i,j]$的值，可以在 $O(1)$时间内判断出在计算 $c[i,j]$时使用了以上三项中的哪一项。因此，我们可以用一个类似 PRINT-LCS 的过程在 $O(m+n)$时间内完成重构 LCS 的工作，而且不必使用表 b。但是，虽然这种方法节省了 $\theta(mn)$ 的空间，但计算 LCS 所需的辅助空间并未渐近减少，因为无论如何表 c 都需要 $\theta(mn)$ 的空间。

不过，LCS-LENGTH 的空间需求是可以渐近减少的，因为在任何时刻它只需要表 c 中的两行，即当前正在计算的一行和前一行。如果我们只需计算 LCS 的长度，这一改进是有效的。但如果我们需要重构 LCS 中的元素，则这么小的表空间所保存的信息将不足以在 $O(m+n)$时间内完成重构工作。

4.2.3 0–1 背包问题

给定 n 种物品和一个背包，物品 i 的体积为 w_i，其价值为 v_i，背包的容量为 C。考虑应如何选择装入背包的物品，以使得装入背包中物品的总价值最大。

在选择装入背包的物品时，对于每种物品 i 只有两种选择，即装入背包或不装入背包，不能将物品 i 装入背包多次，也不能只装入物品 i 的一部分。因此，该问题称为 0-1 背包问题。

0-1 背包问题描述：给定 $C>0$，$w_i>0$，$v_i>0$，$i=1,2,\cdots,n$，要求找一个 n 元向量 $(x_1, x_2, \cdots, x_n)$，$x_i\in\{0,1\}$，使 $\sum w_i x_i \leqslant C$，且 $\sum v_i x_i$ 达到最大，即一个特殊的整数规划问题，有

$$\begin{cases} \max \sum_{i=1}^{n} v_i x_i \\ \sum_{i=1}^{n} w_i x_i \leqslant C \\ x_i \in \{0,1\}, i=1,2,\cdots,n \end{cases}$$

1. 最优子结构性质

最优性原理：设 $(y_1, y_2, \cdots, y_n)$ 是上述问题的一个最优解，则 $(y_2, \cdots, y_n)$ 是下面相应子问题的一个最优解：

$$\begin{cases} \max \sum_{i=2}^{n} v_i x_i \\ \sum_{i=2}^{n} w_i x_i \leqslant C - w_1 y_1 \\ x_i \in \{0,1\}, \quad i=2,3,\cdots,n \end{cases}$$

证明　采用反证法。

设 $(z_2, z_3, \cdots, z_n)$ 是上述子问题的一个最优解，而 $(y_2, y_3, \cdots, y_n)$ 不是它的最优解。显然有

$$\sum_{i=2}^{n} v_i z_i > \sum_{i=2}^{n} v_i y_i$$

且

$$w_1 y_1 + \sum_{i=2}^{n} w_i z_i \leqslant C$$

因此

$$v_1 y_1 + \sum_{i=2}^{n} v_i z_i > \sum_{i=1}^{n} v_i y_i$$

说明 $(y_1, z_2, z_3, \cdots, z_n)$ 是 0-1 背包问题的一个更优解，则 $(y_1, y_2, \cdots, y_n)$ 不是 0-1 背包问题的最优解，与假设矛盾。

2. 建立递归关系

设所给 0-1 背包问题的子问题

$$\begin{cases} \max \sum_{k=i}^{n} v_k x_k \\ \sum_{k=i}^{n} w_k x_k \leqslant j \\ x_k \in \{0,1\}, k=i,\cdots,n \end{cases}$$

的最优值为 $m(i,j)$，即 $m(i,j)$ 是背包容量为 j，可选择物品为 $i, i+1, \cdots, n$ 时 0-1 背包问题的最优值。由 0-1 背包问题的最优子结构性质，可以建立计算 $m(i,j)$ 的递归式：

$$m(i,j)=\begin{cases}\max\{m(i+1,j),m(i+1,j-w_i)+v_i\} & j\geq w_i\\ m(i+1,j) & 0\leq j<w_i\end{cases}$$

$$m(n,j)=\begin{cases}v_n & j\geq w_n\\ 0 & 0\leq j<w_n\end{cases}$$

3. 计算最优值,并进行算法描述

基于以上讨论,当 $w_i(i=1,2,\cdots,n)$ 为正整数时,用二维数组来存储 $m(i,j)$的相应值,可设计求解 0-1 背包问题的动态规划算法 Knapsack 如下。

```
Template<class Type>
void Knapsack( int v[], int w[], int c, int m[][])
{
  int n=v.length-1;
  int jMax = min(w[n]-1,c)
  for(int j=0;j<=jMax; j++)
    m[n][j]=0;  //可选择物品为 n,满足 m(n,j)递归的第二个表达式
  for(int j=w[n];j<=c; j++)
    m[n][j]=v[n];  //满足 m(n,j)递归的第一个表达式
  for(int i=n-1; i>1; i--)
  {
    jMax=min(w[i]-1, c);
    for(int j=0; j<=jmax; j++)
      m[i][j]=m[i+1][j];  //满足 m(i,j)递归的第二个表达式
        for(int j=w[i];j<=c; j++)
          m[i][j]=max(m[i+1][j], m[i+1][j-w[i]]+v[i]);  //满足 m(i,j)递归
//的第一个表达式
  }
  m[1][c]=m[2][c];
  if(c>=w[1])
    m[1][c]=max(m[1][c], m[2][c-w[1]]+v[1]);
}
//上述算法中 m[1][c]为所要求背包问题的最优值

//下面算法可求相应最优解
void Traceback(int x[],int w[],int c, int m[][])
{
   for(int i=1;i<n; i++)
     if(m[i][c]==m[i+1][c])
```

```
            x[i]=0;
        else
        {
            x[i]=1;
            c= c- w[i];
        }
      x[n]=(m[n][c])?1:0;
  }
```

按上述算法 Knapsack 计算后，$m[1][c]$给出要求的 0-1 背包问题的最优值，相应的最优解可用算法 Traceback 计算。如果 $m[1][c]=m[2][c]$，则 $x_1=0$，否则 $x_1=1$。当 $x_1=0$ 时，由 $m[2][c]$继续构造最优解。当 $x_1=1$ 时，由 $m[2][c-w[1]]$继续构造最优解。依此类推，可构造出相应的最优解$(x_1,x_2,\cdots,x_n)$。

4. 计算复杂性分析

从 $m(i,j)$的递归式容易看出，算法 Knapsack 需要 $O(nc)$ 计算时间；Traceback 需要 $O(n)$ 计算时间。算法 Knapsack 具有两个较明显的缺点：一是算法要求所给物品的体积是整数；二是当背包容量 C 很大时，算法需要的计算时间较多，如当 $C>2^n$ 时，算法需要 $\Omega(n2^n)$ 计算时间。事实上，注意到计算 $m(i, j)$的递归式在变量 j 是连续变量，即背包容量为实数时仍成立，可以采用以下方法克服上述两个缺点。

由 $m(i,j)$的递归式容易证明，一般情况下对每一个确定的 $i(i=1, 2,\cdots, n)$，函数 $m(i,j)$是关于变量 j 的阶梯状单调不减函数。跳跃点是这类函数的描述特征。一般情况下，函数 $m(i,j)$由其全部跳跃点唯一确定，如图 4-5 所示。

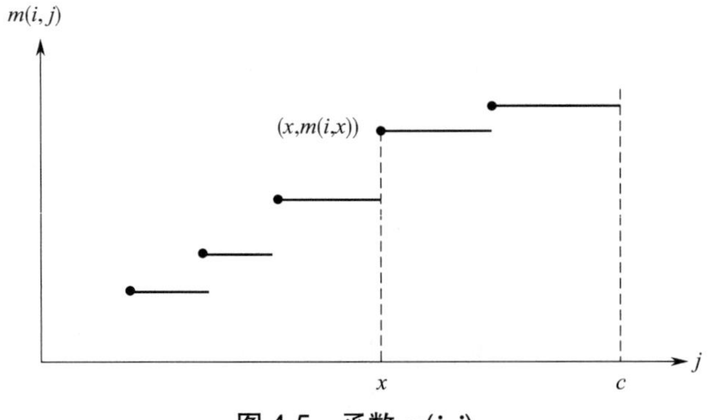

图 4-5　函数 $m(i,j)$

对每一个确定的 $i(i=1,2,\cdots,n)$，用一个表 $p[i]$存储函数 $m(i, j)$的全部跳跃点。表 $p[i]$可根据计算 $m(i,j)$的递归式递归地由表 $p[i+1]$计算，初始时 $p[n+1]=\{(0,0)\}$。

函数 $m(i,j)$是由函数 $m(i+1,j)$与函数 $m(i+1,j-w_i)+v_i$ 进行 max 运算得到的。因此，函数 $m(i,j)$的全部跳跃点包含于函数 $m(i+1,j)$的跳跃点集 $p[i+1]$与函数 $m(i+1,j-w_i)+v_i$ 的跳跃点集 $q[i+1]$的并集中。易知，当且仅当 $w_i\le s\le c$ 且 $(s-w_i,t-v_i)\in p[i+1]$时，$(s, t)\in q[i+1]$。因

此，容易由跳跃点集 $p[i+1]$ 确定跳跃点集 $q[i+1]$，即

$$q[i+1]=p[i+1]\oplus(w_i,v_i)=\{(j+w_i,m(i,j)+v_i)|(j,m(i,j))\in p[i+1]\}$$

另外，设 (a, b) 和 (c, d) 是 $p[i+1]\cup q[i+1]$ 中的 2 个跳跃点，则当 $c\geqslant a$ 且 $d<b$ 时，(c, d) 受控于 (a, b)，从而 (c, d) 不是 $p[i]$ 中的跳跃点。除受控跳跃点外，$p[i+1]\cup q[i+1]$ 中的其他跳跃点均为 $p[i]$ 中的跳跃点。

由此可见，在递归地由表 $p[i+1]$ 计算表 $p[i]$ 时，可先由 $p[i+1]$ 计算出 $q[i+1]$，然后合并表 $p[i+1]$ 和表 $q[i+1]$，并清除其中的受控跳跃点，即可得到表 $p[i]$。

假设背包可盛纳物品 10 kg，共有 5 种物品，物品 i 的质量为 w_i，价值为 v_i，且质量分别为{2，2，5，3，4}，价值分别为{3，4，3，2，6}。

$p[6]=\{(0,0)\}$

$p[5]=\{(0,0),(4,6)\}$

$q[5]=\{(3,2),(7,8)\}$

$p[4]=\{(0,0),(3,2),(4,6),(7,8)\}$

$q[4]=\{(5,3),(8,5),(9,9)\}$

$p[3]=\{(0,0),(3,2),(4,6),(7,8),(9,9)\}$

$q[3]=\{(2,4),(5,6),(6,10),(9,12)\}$

$p[2]=\{(0,0),(2,4),(4,6),(6,10),(9,12)\}$

$q[2]=\{(2,3),(4,7),(6,9),(8,13)\}$

$p[1]=\{(0,0),(2,4),(4,7),(6,10),(8,13)\}$

可知，要求 $m(1,10)$ 为 13，即为最优值，最优解为（1，1，0，0，1）。

上述算法的主要计算量是计算跳跃点集 $p[i](i=1, 2,\cdots, n)$。由于 $q[i+1]=p[i+1]\oplus(w_i, v_i)$，故计算 $q[i+1]$ 需要 $O(|p[i+1]|)$ 计算时间。合并 $p[i+1]$ 和 $q[i+1]$ 并清除受控跳跃点也需要 $O(|p[i+1]|)$ 计算时间。从跳跃点集 $p[i]$ 的定义可以看出，$p[i]$ 中的跳跃点相应于 $x_i,\cdots, x_n$ 的 0-1 赋值。因此，$p[i]$ 中跳跃点个数不超过 2^{n-i+1}。由此可见，上述算法计算跳跃点集 $p[i]$ 所花费的计算时间为

$$O\left(\sum_{i=2}^{n}|p[i+1]|\right)=O\left(\sum_{i=2}^{n}2^{n-i}\right)=O(2^n)$$

从而，改进后算法的计算时间复杂性为 $O(2^n)$。当所给物品的质量 $w_i(i=1, 2,\cdots, n)$ 是整数时，$|p[i]|\leqslant c+1(i=1,2,\cdots,n)$。在这种情况下，改进后算法的计算时间复杂性为 $O(\min\{nc,2^n\})$。

4.2.4 资源分配问题

在实际生活中，人们经常遇到这样的问题，即对于一定数量的资源，有若干个工程，对每个工程投入的资源数量不同，获得的利润也就不同，如何将有限的资源分配给这些工程，以获得最大利润，即资源分配问题。

具体来说，设有 m 份资源和 n 个工程，对每个工程投入不同数量的资源获得的利润对应为每个工程的利润函数 $P_i(x_i)$，其表示将 $x_i(x_i=0,1,2,\cdots,m)$ 份资源分配给第 i（$i=1,2,\cdots,n$）个工程可获得的利润，那么将 m 份资源分配给 n 个工程可获得的利润总和为

$$P(m)=\sum_{i=1}^{n}P_i(x_i)$$

其中

$$\sum_{i=1}^{n}x_i=m$$

此时,资源分配问题转化为求解 $P(m)$ 的最大值及相应资源分配 $x_i(i=1,2,\cdots,n)$ 的问题。

1. 最优子结构性质

设已经得到一个问题的最优解 $X=(x_1,x_2,\cdots,x_n)$,则其部分解 $(x_1,x_2,\cdots,x_{n-1})$ 是将这些资源分配给前 n-1 个工程的子问题的一个最优解。

证明 采用反证法。设$(y_1,y_2,\cdots,y_{n-1})$是子问题的一个更优解,那么有

$$\sum_{i=1}^{n-1}P_i(y_i)>\sum_{i=1}^{n-1}P_i(x_i)$$

且满足

$$\sum_{i=1}^{n-1}y_i=m-x_n$$

因此

$$\sum_{i=1}^{n-1}P_i(y_i)+P_n(x_n)>\sum_{i=1}^{n-1}P_i(x_i)+P_n(x_n)$$

并且满足

$$\sum_{i=1}^{n-1}y_i+x_n=\sum_{i=1}^{n}x_i=m$$

这说明$(y_1,y_2,\cdots,y_{n-1},x_n)$是原问题的更优解,与 $X=(x_1,x_2,\cdots,x_n)$ 是最优解矛盾,因此资源分配问题具有最优子结构性质。

2. 建立递归关系

根据上面分析,问题的一个最优解 $X=(x_1,x_2,\cdots,x_n)$ 的确定过程实际上是确定解中 $x_i(i=1,2,\cdots,n)$ 的过程,可将资源分配问题的求解分为 n 个阶段,在第 i 个阶段,考虑将 x=0, 1, 2, $\cdots$, m 份额的资源分配给前 $i(i=1,2,\cdots,n)$ 个工程时,分别能够获得最大利润 $f_i(x)$,同时得到在此最大利润下第 i 个工程所获得的最优资源份额 $d_i(x)$,例如在第 n 个阶段将 $x=0,1,2,\cdots,m$ 份额资源分配给 n 个工程获得的最大利润 $f_i(x)$ 与在此最大利润下第 n 个工程所获得的最优资源份额 $d_i(x)$ 应满足如下关系:

$$\begin{cases}f_n(x)=\max\limits_{z}\{p_n(z)+f_{n-1}(x-z)\}\\ d_n(x)=\text{使}f_n(x)\text{最大的}z\\ 0\leqslant z\leqslant x\end{cases}$$

显然

$$\begin{cases}f_1(x)=p_1(x)\\ \quad d_1(x)=x\end{cases}$$

如此,得到一般情况下问题最优值对应的递归关系为

$$\begin{cases} f_i(x)=\max\limits_{z}\{p_i(z)+f_{i-1}(x-z)\} \\ d_i(x)=\text{使}f_i(x)\text{最大的}z \\ i=1,2,\cdots,n,0\leqslant z\leqslant x \end{cases}$$

通过上述的递归关系式可以看出，在对 $f_i(x)$ 的求取中，x 取值为 0，1，2，…，m 的必要性。

3. 计算最优值

虽然一般来说分配的资源份额越多会有越多的利润，但实际情况并非完全如此，所以把 m 份资源全部分配给 n 个工程未必能够获得最大的利润，因此在每个阶段 i 要考虑计算 $f_i(1),f_i(2),\cdots,f_i(m)(i=1,2,\cdots,n)$ 的值，然后选取其中的最大者作为该阶段的最大利润，各个阶段的最大利润中的最大者为问题的最优值，对应的资源分配策略即为最优资源分配方案。

由递归关系式可以看出，我们可以利用动态规划算法，按照 i 递增顺序自底向上地计算出 $f_i(x)(i=1,2,\cdots,n;x=1,2,\cdots,m)$ 的值，同时记录下 $f_i(x)$ 对应的 $d_i(x)$。在第 i 个阶段的最大利润为

$$h_i=\max\{f_i(1),f_i(2),\cdots,f_i(m)\}$$

此时，使 h_i 最大，分配给前 i 个工程的资源份额为 p_i。这样，在第 i 个阶段可以得到 $f_i(x)$、$d_i(x)$、h_i 和 p_i 的信息。显然，问题的整体最优值即为 $\max\{h_1,h_2,\cdots,h_n\}$，记为 *bestp*。

若 $bestp=h_k=\max\{h_1,h_2,\cdots,h_n\}$，那么 k 即为整体最优值对应的分配得到资源的工程的最大编号，此时分配给前面 k 个工程的资源份额为使 h_k 最大的 p_k，而分配给第 k 个工程的资源份额为 $d_k(p_k)$，而分配给其他的 $k-1$ 个工程的资源份额为 $p_k-d_k(p_k)$，为了表示和计算方便，记 p_k 为 *optx*。具体计算过程可以通过下面的例子说明。

现有 4 个份额的资源，可分配给 3 个工程，各个工程的利润函数具体见表 4-1，求解如何分配资源可获得最大利润。

表 4-1　各个工程的利润函数

x	0	1	2	3	4
$p_1(x)$	0	41	48	60	66
$p_2(x)$	0	42	50	60	66
$p_3(x)$	0	64	68	78	78

（1）计算各个阶段的 $f_i(x)(i=1,2,3;x=1,2,3,4)$ 的值。

（2）计算得到将资源仅分配给第一个工程的情况，此时 $h_1=66,p_1=4$。

（3）利用递归关系式，计算得到将资源分配给前两个工程的情况，此时

$$\begin{cases} f_2(x)=\max\limits_{z}\{p_2(z)+f_1(x-z)\} \\ d_2(x)=\text{使}f_2(x)\text{最大的}z \end{cases}$$

则有 $h_2=102$、$p_2=1$。

(4)利用递归关系式,计算得到将资源分配给 3 个工程的情况,此时

$$\begin{cases} f_3(x) = \max\limits_{z}\{p_3(z) + f_2(x-z)\} \\ d_3(x) = 使f_3(x)最大的z \end{cases}$$

则有 $h_3 = 155$、$p_3 = 4$。

如此,得到资源分配可获得的最大利润 $bestp = h_3 = 155$,并且 h_3 对应的取值为 $f_3(4)$,最大利润对应的分配得到资源的工程的最大编号为 3,对应分配给前 3 个工程的资源份额为 4,分配给第 3 个工程的资源份额为 1(即 $d_3(4)$)。

表 4-2 各个阶段的 $f_i(x)$

x	0	1	2	3	4
$f_1(x)$	0/0	41/1	48/2	60/3	66/4
$f_2(x)$	0/0	42/1	83/1	91/2	102/1
$f_3(x)$	0/0	64/1	106/1	147/1	155/1

4. 构造最优解

可以利用计算最大利润时记录的获利信息构造问题的最优解,即最优资源分配方案。根据资源分配可获得的最大利润 *bestp*,得到对应分配得到资源的工程的最大编号 *k*,以及分配给前 *k* 个工程的资源数 *optx* 以及分配给第 *k* 个工程的资源数 $d_k(optx)$,则分配给前 *k*−1 个工程的资源数为 $optx-d_k(optx)$,进一步可以通过如下递推关系得到分配给前面各个工程的资源份额 $optq_i(i=k,k-1,\cdots,1)$:

$$\begin{cases} optq_i = d_k(optx) \\ optx = optx - optq_i \end{cases}$$

例如,在上面的例子中,得到资源分配可获得的最大利润 $bestp = h_3 = 155$,并且 h_3 对应的取值为 $f_3(4)$,最大利润对应分配得到资源的工程的最大编号为 3,对应分配给前 3 个工程的资源数为 4,分配给第 3 个工程的资源数为 1。根据递推关系式得到,分配给第 2 个工程的资源数为 $d_2(3) = 2$,分配给第 1 个工程的资源数为 $d_1(1) = 1$,如此得到问题最优资源分配方案 $optq=(1,2,1)$。

综上所述,可以得到资源分配问题求解的动态规划算法的基本步骤如下:

(1)根据递归关系式对各个阶段 *i* 计算得到 $f_i(x)(i = 1,2,\cdots,n; x = 1,2,\cdots,m)$ 的值,同时记录下 $f_i(x)$ 对应的 $d_i(x)$;

(2)计算得到各个阶段 *i* 对应的最大利润 h_i 以及 h_i 对应的 p_i;

(3)计算得到整体最优值 *bestp*,以及对应的 *k* 值与 *optx*;

(4)根据递推关系式计算得到资源分配问题的最优资源分配方案 *optq*。

5. 资源分配问题的动态规划求解算法

利用数组 *p*[*n*][*m*+1]记录各个工程对应的利润函数表, *bestp* 为最优资源分配对应的最大利润;数组 *optq*[*n*]记录最优资源分配时各个工程分配得到的资源份额;数组 *f*[*n*][*m*+1]记

录前 i 个工程分配到不同份额资源时可获得的最大利润;数组 $d[n][m+1]$记录 $f[i][x]$最大时第 i 个工程分配得到的资源份额;数组 $h[n]$记录资源仅分配给前 i 个工程可获得的最大利润;数组 $p[n]$记录资源仅分配给前 i 个工程时第 i 个工程分配得到的最优资源份额;利用 *optx* 记录最优资源分配份额;而 k 为最优资源分配时工程的最大编号。按照前面给出的步骤得到求解资源分配问题的动态规划算法如下。

输入:资源份额 m,工程数 n,各个工程对应的利润函数表 $p[n][m+1]$。

输出:最优资源分配时的最大利润 *bestp*,最优分配时各个工程分配得到的资源份额 *optq*[]。

```
int ResourceAlloc(m,n,p)
{
    for(i=0;i<=m;i++)
    {//计算第一个工程的利润函数表
        f[1][i] =p[0][i];
        d[1][i]=i;
    }
    for(j=2;j<=n;j++)
    {
        f[j][0]= p[j][0]+f[j-1][0];
        d[j][0]=0;
        for(t=1;t<=m;t++)
        { //计算前 j 个工程分到 t 份资源时所获得的最大利润
            f[j][t]=f[j][0];
            d[j][0]=0;
            for(s=1;s<=t;s++)
            {
                if(f[j][t]<p[j][s]+f[j-1][t-s])
                {
                    f[j][t]=p[j][s]+f[j-1][t-s];
                    d[j][t]=s;
                }
            }
        }
    }
    //计算前 i(i=1,…,n)个工程的最大利润及最优资源分配份额
    for(i=1;i<n;i++)
    {
```

```
        h[i]=f[i][0];p[i]=0;
        for(j=1;j<=m;j++)
        {
            if(h[i]<f[i][j])
            {
                h[i]=f[i][j];
                p[i]=j;
            }
        }
    }
    //计算整体最大利润与最优资源分配份额
    bestp=h[1]; optx=p[1]; k=1;
    for(i=2;i<n;i++)
    {
        if(bestp<h[i])
        {
            bestp=h[i];
            optx=p[i];
        }
    }
    k=i;  //分配得到资源的工程的最大编号
    //最大编号后的工程不分配资源
    if(k<n)
        for(i=k+1;i<=n;i++)
            optq[i]=0;
    //最大编号前的工程资源分配方案
    for(i=k;i>=1;i++)
    {
        optq[i]=d[i][optx];
        optx=optx-optq[i];
    }
    return(bestp);
}
```

上述算法的计算主要集中在对 n 个工程的利润函数的计算，而这部分工作对应一个三重 for 循环，花费时间为

$$\sum_{j=2}^{n}\sum_{t=1}^{m}\sum_{s=1}^{t}\theta(1)=\theta(nm^2)$$

因此，容易得到该算法的时间复杂度为 $\theta(nm^2)$。

4.2.5 旅行商问题

旅行商问题(Traveling Salesman Problem，TSP)是指旅行家要旅行 n 个城市，最后回到出发城市，且要求各个城市经历且仅经历一次，并要求所走的路程最短，简称 TSP 问题。该问题又称为货郎担问题、邮递员问题、售货员问题是图问题中最广为人知的问题。解决 TSP 问题有很多方法，如蛮力法、动态规划法、贪心法和分支限界法等，下面主要介绍采用动态规划算法求解 TSP 问题，并对算法的性能进行分析。

TSP 问题的数学模型为给定一个完全无向带权图 $G=(V,E)$(图 4-6)，其每条边 $(u,v)\in E$ 且有一非负整数权值 $w(u, v)$，要求找出 G 的一条经过每个顶点一次且仅经过一次的回路，并使该回路上所有边的权值之和尽可能小。

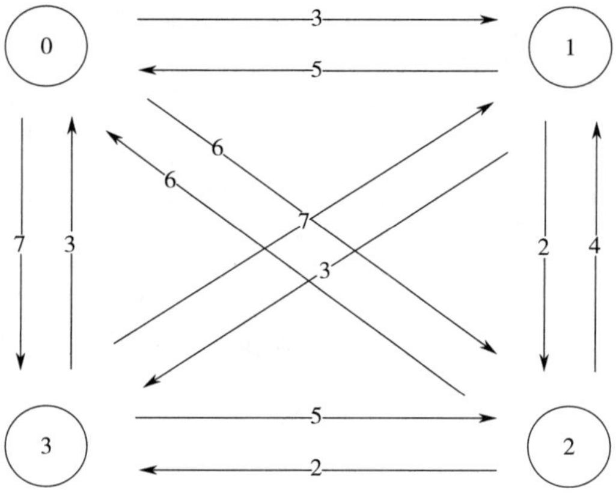

图 4-6 完全无向带权图 G

假设现在有四个城市 0，1，2，3，它们之间旅行的代价如图 4-7 所示，可以存成二维表的形式。

$$
\begin{array}{c} \\ 0 \\ 1 \\ 2 \\ 3 \end{array}
\begin{array}{c} \begin{array}{cccc} 0 & 1 & 2 & 3 \end{array} \\ \begin{pmatrix} 0 & 3 & 6 & 7 \\ 5 & 0 & 2 & 3 \\ 6 & 4 & 0 & 2 \\ 3 & 7 & 5 & 0 \end{pmatrix} \end{array}
$$

图 4-7 四个城市间旅行的最小代价

1. 最优子结构性质

设 $s,s_1,s_2,\cdots,s_p,s$ 是从 s 出发的一条路径长度最短的简单回路，假设从 s 到下一个城市 s_1 已经求出，则问题转化为求从 s_1 到 s 的最短路径，显然 $s_1,s_2,\cdots,s_p,s$ 一定构成一条从 s_1 到 s 的最短路径，所以 TSP 问题具有最优子结构性质，采用动态规划算法来求解也是合理的。

2. 推导递归方程

假设从顶点 s 出发，令 $d(i,V')$ 表示从顶点 i 出发经过 V'(即一个点的集合)中各个顶点一次且仅一次，最后回到出发点 s 的最短路径长度。

推导:(分情况讨论)

(1)若 V' 为空集,那么 $d(i,V')$ 表示从 i 不经过任何点就回到 s,如图 4-6 中的城市 3 → 城市 0(0 为起点城市),此时 $d(i,V')=C_{is}$(即城市 i 到城市 s 的距离);

(2)若 V' 不为空集,那么就是对子问题的最优求解,必须在 V' 集合中尝试每一个点,并求出最优解,即

$$d(i,V') = \min\{C_{ik} + d(k,V' - \{k\})\}$$

注意:C_{ik} 表示选择的城市和城市 i 的距离,$d(k,V'-\{k\})$ 是一个子问题。

综上所述,TSP 问题的动态规划方程为

$$d(i,V') = \begin{cases} C_{is} & V' = \varnothing, i \neq s \\ \min\limits_{k \in V}\{C_{ik} + d(k,V' - \{k\})\} & V' \neq \varnothing \end{cases}$$

旅行商问题伪码分析:

```
for(i=1;i<n;i++)   //初始化第 0 列
    d[i][0]=c[i][0];
for(j=1;j<2n-1-1;j++)
    for (i=1;i<n;i++)  //依次进行第 i 次迭代
        if(子集 V[j]中不包含 i)
对 V[j]中的每个元素 k,计算 d[i][j]=min(c[i][k]+d[k][j-1]);
对 V[2n-1-1]中的每一个元素 k,计算 d[0][2n-1-1]=min(c[0][k]+d[k][2n-1-2]);
输出最短路径长度 d[0][2n-1-1];
```

3. 算法复杂性分析

与蛮力法相比,采用动态规划算法求解 TSP 问题,把原来的时间复杂性是 $O(n!)$的排列问题转化为组合问题,从而降低了算法的时间复杂性,但它仍需要指数时间。

本章小结

动态规划算法是一种对具有重叠子问题的问题进行求解的技术。一般来说,这样的子问题出现在求解给定问题的递推关系中,这个递推关系中包含相同类型的更小子问题的解。动态规划算法建议,与其对重叠的子问题一次又一次地求解,还不如对每个较小的子问题只求解一次并把结果记录在表中,这样就可以从表中得出原问题的解。

对一个最优问题应用动态规划算法,要求该问题满足最优化法则:一个最优问题的任何实例的最优解是由该实例的子实例的最优解组成的。与许多其他问题一样,任意面额的硬币找零问题可以用动态规划算法求解。采用动态规划算法求解背包问题可以作为应用该技术求解组合难题的例证。

如果已知一个字母集合以及它们的查找概率,可以使用动态规划算法构造一棵最优二叉树。当我们考虑 n 个矩阵的连乘积问题时,就可以用动态规划算法求解;若给定 2 个序列 X 和 Y,当另一个序列 Z 既是 X 的子序列又是 Y 的子序列时,称 Z 是序列 X 和 Y 的公共子

序列，而最长公共子序列问题具有最优子结构性质，因此也可以用动态规划算法求解。除此之外，我们还可以利用动态规划算法解决资源分配问题、多段图问题、流水调度问题、旅行商问题以及凸多边形最优三角剖分、多边形游戏、图像压缩、电路布线等问题。

动态规划算法的本质思想是利用子问题求解原问题。这样就衍生出了两种解决问题的方法：一种是自顶向下递归式地解决问题，这种方法代码书写简单，往往写出状态转移方程，问题就能解决，但缺点是重复计算子问题，导致时间开销过大，并且不容易找到最优解的路径；另一种是自底向上迭代式的解决方法，此方法也是解决动态规划问题的常用方法，可以很清晰地求出最优解，难点在于将状态转移方程转化为迭代过程。解决该动态规划问题的常用解题步骤如下：

（1）找出最优解的性质，刻画其结构特征；

（2）递归式地定义最优值，找到状态转移方程，这一步是核心；

（3）以自底向上的方式计算最优值；

（4）根据计算最优值时得到的信息构造最优解。

经典面试题及案例分析习题

Part 3　动态规划（共 23 题，其中前 9 题和大厂原题为必做题）

[Part 3　动态规划]二维码

上机练习

[上机实验三]二维码

上机实验三　动态规划实验-题解

毛泽东在《实践论》中指出，马克思主义的最本质的东西，马克思主义的活的灵魂，就在于具体地分析具体的情况。邓小平也指出，实践是检验真理的唯一标准。同理，编程也是检验大家算法学习和撑握程度的唯一标准。

- 目的：
  - 理解动态规划的基本思想，熟练掌握使用动态规划算法进行算法设计的基本步骤和技巧；
  - 对比备忘录法、分治策略，理解动态规划算法的特点；
  - 应用动态规划算法解决实际问题。
- 要求：
  - 提交实验报告，报告内容包括实验目的、实验内容、实验步骤、实验结果及分析；
  - 分析所选问题的最优解结构特征，即证明最优子结构性质，并列出最优值的递归方程；

- 讲解实验内容,锻炼表达及沟通能力。

□ 内容:

- 六题必须全部完成。

第一题(投资问题)

问题描述

设总投资额为 m,共有 n 个项目,$G_i(x)$为向第 i 项工程投资费用为 x 时的收益,如何分配资源才能获得最大利润?

x	0	1	2	3	4	5	6	7	8
$G_1(x)$	0	5	15	40	80	90	95	98	100
$G_2(x)$	0	5	15	40	60	70	73	74	75
$G_3(x)$	0	4	26	40	45	50	51	53	53

要求输入总投资额 m 和项目总数 n 以及 g 数组,然后按行输入每个项目的投资获益额,程序最终输出最大收益值。

样例

输入:

(1)投资总额(单位:10 万元)和投资项目总数,如 4、3;

(2)第一个项目按照每增加 10 万投资后的收益值,如 5、10、12、20;

(3)第二个项目按照每增加 10 万投资后的收益值,如 4、12、13、18;

(4)第三个项目按照每增加 10 万投资后的收益值,如 3、10、14、21。

输出:

向每一个项目投资获益如下。

投资额	0	1	2	3	4
第一个项目	0	5	10	12	20
第二个项目	0	4	12	13	18
第三个项目	0	3	10	14	21

投资最大收益为××(单位:10 万元)。

第二题(最长公共子序列问题)

问题描述

要求输入两个字符序列,求出这两个字符序列的最长公共子序列长度,并输出最长公共子序列。

样例

输入:

(1)第一个字符序列,如 ABABCCC;

(2)第二个字符序列,如 BACBAAAAADC。

输出:

(1)第一个字符序列,如 ABABCCC;

(2)第二个字符序列,如 BACBAAAAADC;

(3)最长公共子序列长度为 5;

(4)最长公共子序列为 BABC。

第三题(奶牛稻草问题)

问题描述

农民 John 面临一个很可怕的事实,因为防范失措,他存储的所有稻草被澳大利亚蟑螂吃光了,他将面临没有稻草喂养奶牛的局面。在奶牛断粮之前, John 拉着他的马车到农民 Don 的农场中买一些稻草给奶牛过冬。已知 John 的马车可以装下 C($1 \leqslant C \leqslant 50\,000$)立方米的稻草。

农民 Don 有 H($1 \leqslant H \leqslant 5\,000$)捆体积不同的稻草可供购买,每一捆稻草有它自己的体积($1 \leqslant V_i \leqslant C$)。面对这些稻草, John 认真地计算如何充分利用马车购买尽量多的稻草给他的奶牛过冬。

现在给定马车的最大容积 C 和每一捆稻草的体积 V_i,确定 John 如何在不超过马车最大容积的情况下购买最大体积的稻草,且他不可以把一捆稻草分开来买。

输入格式

第一行两个整数,分别为 C 和 H。

第 2 至 H+1 行:每一行一个整数代表第 i 捆稻草的体积 V_i。

输出格式

一个整数,为 John 能买到的稻草的体积。

样例

输入:

7 3

2

6

5

输出:

7

第四题(基因检测)

问题描述

大家都知道,基因可以看作一个碱基对序列。它包含了 4 种核苷酸,简记作 A, C, G, T 。生物学家正致力于寻找人类基因的功能,以利用于诊断疾病和发明药物。

在一个人类基因工作组的任务中,生物学家研究的是两个基因的相似程度。这个研究对疾病的治疗有着非同寻常的作用。两个基因的相似度的计算方法如下。

对于两个已知基因,如 AGTGATG 和 GTTAG ,将它们的碱基互相对应。当然,中间可以加入一些空碱基“-”,例如:

A	G	T	G	A	T	-	G
-	G	T	-	-	T	A	G

这样，两个基因之间的相似度就可以用碱基之间相似度的总和来描述，碱基之间的相似度如下：

	A	C	G	T	-
A	5	−1	−2	−1	−3
C	−1	5	−3	−2	−4
G	−2	−3	5	−2	−2
T	−1	−2	−2	5	−1
-	−3	−4	−2	−1	*

则其相似度为(−3)+5+5+(−2)+(−3)+5+(−3)+5=9。由于两个基因的对应方法不唯一，例如又有

A	G	T	G	A	T	G
-	G	T	T	A	-	G

那么，其相似度为(−3)+5+5+(−2)+5+(−1)+5=14。规定两个基因的相似度为所有对应方法中，相似度最大的那个。

输入格式

共两行。每行首先是一个整数，表示基因的长度；隔一个空格后是一个基因序列，序列中只含A，C，G，T四个字母，且1 ≤ 序列的长度 ≤100。

输出格式

仅一行，即输入基因的相似度。

样例

输入：

7 AGTGATG

5 GTTAG

输出：

14

第五题(背包变换)

问题描述

自0-1背包问题问世之后，小A对此深感兴趣。一天，小A去远游，却发现他的背包不同于0-1背包，他的物品大致可分为 k 组，每组中的物品相互冲突，现在他想知道背包最大

的利用价值是多少。

输入格式

两个数 m,n,表示一共有 n 件物品,总重量为 m。

第 2 至 n+1 行,每行 3 个数 ai,bi,ci,表示物品的重量、利用价值、所属组数。

输出格式

一个数,表示背包最大的利用价值。

样例

输入:

45 3

10 10 1

10 5 1

50 400 2

输出:

10

第六题(数塔问题)

问题描述

在讲述 DP 算法的时候,一个经典的例子就是数塔问题,它是这样描述的:有如下所示的数塔,要求从顶层走到底层,若每一步只能走到相邻的节点,则经过的节点的数字之和最大是多少。

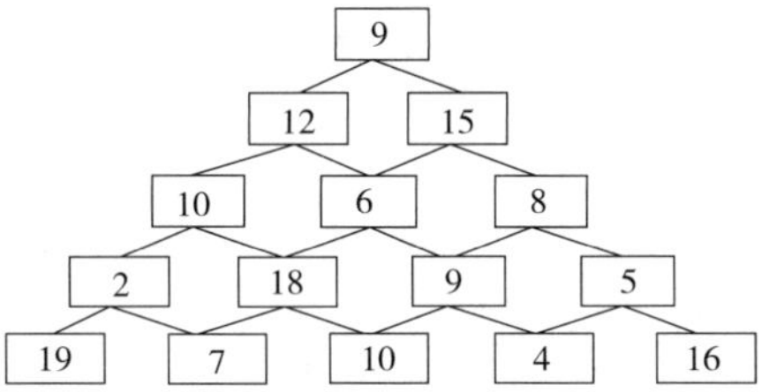

输入格式

输入数据首先包括一个整数 C,表示测试实例的个数,每个测试实例的第一行是一个整数 N(N=1,2,…,100),表示数塔的高度,接下来用 N 行数字表示数塔,其中第 i 行有 i 个整数,且所有的整数均在区间[0,99]内。

输出格式

对于每个测试实例,输出数塔及该数塔可能得到的最大和。

样例

输入:

1

5

7

3 8

8 1 0
2 7 4 4
4 5 2 6 5
输出：
数塔

```
    7
   3 8
  8 1 0
 2 7 4 4
4 5 2 6 5
```
最大和为 30。

第5章　回溯法

教学目标：

通过本章的学习，理解回溯法的基本思想；掌握回溯法的搜索策略；掌握回溯法解题的基本步骤；掌握回溯法的设计策略。

本章要点【在学会的前面打钩】：

- □ 回溯法的基本思想
- □ 回溯法的深度优先搜索策略
- □ 回溯法解题的基本步骤
- □ 通过范例学习回溯法的设计技巧

有许多问题，当需要找出它的解集或者要求回答什么解是满足某些约束条件的最佳解时，往往要采用回溯法。回溯法的主要思想是每次只构造解的一个分量，然后按照一定的方法来评估这个部分构造解。如果一个部分构造解可以进一步构造且不会违反问题的约束，我们就接受对解的下一个分量所做的第一个合法选择。如果无法对下一分量进行合法的选择，就不必对剩下的任何分量再做任何选择。在这种情况下，该算法进行回溯，把部分构造解的最后一个分量替换为它的下一个选择。

5.1 回溯法基本思想

5.1.1 回溯法搜索策略

回溯法的基本做法是搜索，或是一种组织得井井有条的，能避免不必要搜索的穷举式搜索法，该方法适用于解一些组合数相当大的问题。回溯法在问题的解空间树中，按深度优先策略，从根节点出发搜索解空间树。当算法搜索至解空间树的任意一点时，先判断该节点是否包含问题的解。如果肯定不包含，则跳过对以该节点为根的子树的搜索，逐层向其祖先节点回溯；否则，进入该子树，继续按深度优先策略搜索。

5.1.2 回溯法基本框架

回溯法有“通用的解题法”之称。应用回溯法解问题时，首先应该明确问题的解空间。一个复杂问题的解决方案往往由多部分构成，即一个大的解决方案可以看作由若干个小的决策组成，很多时候它们构成一个决策序列。解决一个问题的所有可能的决策序列构成该问题的解空间。解空间中满足约束条件的决策序列称为可行解。一般来说，求解任何问题都有一个目标，在约束条件下使目标达优的可行解称为该问题的最优解。在解空间中，前 k 项决策已经确定的所有决策序列的集称为 k 定子解空间。0 定子解空间即是该问题的解空间。

例 5-1 某推销员要到若干个城市去推销商品，已知各个城市之间的路程（或旅费），他要选定一条从驻地出发，经过每个城市一次，最后回到驻地的路线，且使总的路程（或总旅费）最短（或最少）。

旅行商问题即是在带权图 G（图 5-1）中找到一条路程最短的周游路线，即权值之和最小的 Hamilton 圈。

如果假定城市 A 是驻地，则推销员从 A 地出发，第一站有 3 种选择，即城市 B、C 或 D；当第一站选定后，第二站有两种选择，即如第一站选定 B，则第二站只能选 C、D 两者之一；当第一、二站都选定后，第三站就只有一种选择，即如第一、二站先后选择了 B 和 C，第三站就只能选择 D，最后推销员由城市 D 返回驻地 A。推销员所有可能的周游路线可由图 5-2 反映出来。

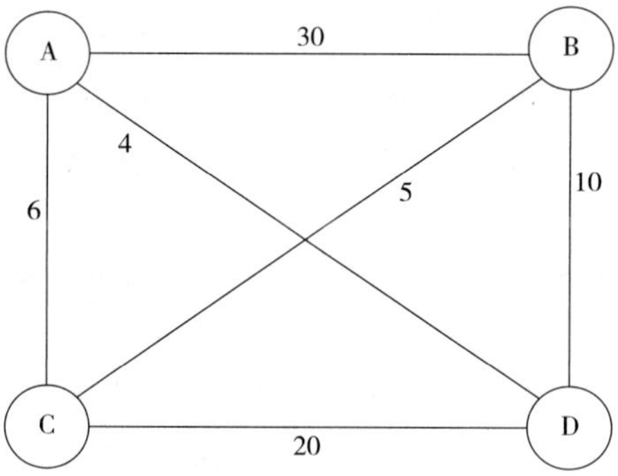

图 5-1 带权图 *G*

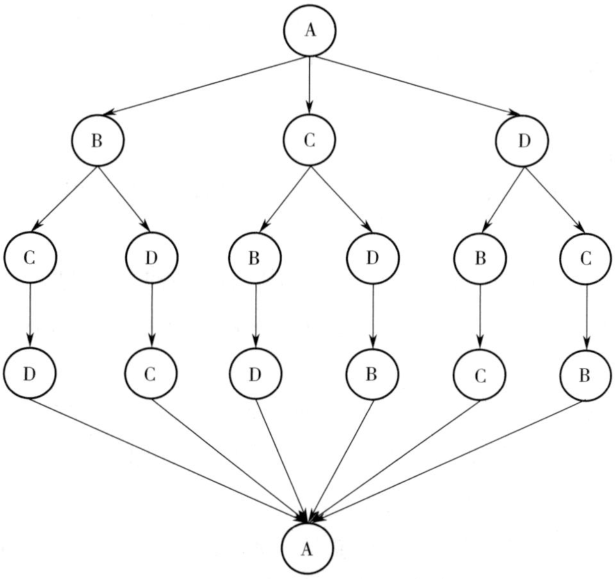

图 5-2 推销员所有可能的周游路线

例 5-2(定和子集问题) 已知一个正实数的集合 $A=\{w_1,w_2,\cdots,w_n\}$ 和正实数 M,试求 A 的所有子集 S,使得 S 中的数之和等于 M。

这个问题的解可以表示成 0-1 数组 $\{x_1,x_2,\cdots,x_n\}$,依据 $w_i(i=1,2,\cdots,n)$ 是否属于 S,x_i 分别取值 1 或 0,故解空间中共有 $2n$ 个元素,它的树结构是一棵完全二叉树。

例 5-3(四皇后问题) 在 4×4 的棋盘上放置 4 个皇后,要使每两个皇后之间都不能互相攻击,即任意两个皇后都不能放在同一行、同一列及同一对角线上,如图 5-3 所示。

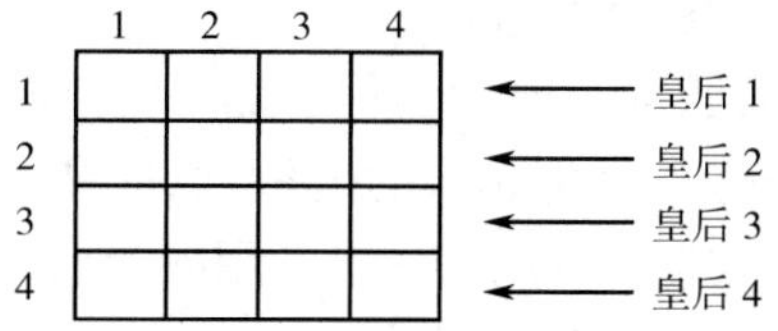

图 5-3 四皇后问题示意图

将 4 个皇后分别给以 1, 2, 3, 4 的编号，该问题的解决就是要安排 4 个皇后的位置。每个决策序列由 4 个决策组成，即 p_1, p_2, p_3, p_4，其中 p_k 代表安排第 k 个皇后的位置，因而有 16 种可能。该问题的解空间中有 164 个决策序列。此时的约束条件是任意两个皇后均不能位于同一行、同一列及同一对角线上。

注意到，这个解空间比较大，从中搜索可行解较为困难。现在把约束条件中的“任意两个皇后均不能位于同一行”也放在问题中考虑，即将 4 个皇后放在 4×4 棋盘的不同行上，且使任意两个皇后均不能位于同一列及同一对角线上，则解空间中共有 44 个决策序列，因为此时可以假定第 k 个皇后处于第 k 行上。此时的约束条件为任意两个皇后均不能位于同一列及同一对角线上。

事实上，我们还可以用另一种方法描述，以使解空间进一步缩小，即将 4 个皇后放在 4×4 棋盘的不同行、不同列上，且使任意两个皇后均不能位于同一对角线上。这时的解空间应当由 4! 个决策序列构成，此时每个决策序列实际上对应于{1, 2, 3, 4}的一个排列，我们可以用树来描述解空间。

从例 5-3 来看，解空间的确定与我们对问题的描述有关。如何组织解空间的结构会直接影响对问题的求解效率，这是因为回溯法的基本思想是通过搜索解空间来找到问题的可行解以至最优解。

当所给的问题是从 n 个元素的集合 S 中找出满足某种性质的子集时，相应的解空间树称为子集树。此时，解空间有 $2n$ 个元素，遍历子集树的任何算法均需 $O(2n)$的计算时间，如例 5-2。

当所给的问题是确定 n 个元素的满足某种性质的排列时，相应的解空间树称为排列树。此时，解空间有 $n!$个元素，遍历排列树的任何算法均需 $O(n!)$的计算时间，如例 5-1 和例 5-3。本章只讨论具有以上两类解空间树的求解问题。

当解空间的组织结构确定后，回溯法就从开始节点（解空间树的根节点）出发，以深度优先的方式搜索整个解空间。这个开始节点就成为一个活节点，同时也成为当前的扩展节点。在当前的扩展节点处，搜索向纵深方向移至一个新节点。这个新节点就成为一个新的活节点，并且成为当前的扩展节点。如果在当前的扩展节点处，搜索不能再向纵深方向移动，则当前的扩展节点就成为死节点。此时应往回移动（回溯）至最近一个活节点处，并使这个活节点成为当前的扩展节点。当我们将问题的有关数据以一定的结构存储好以后（如旅行商问题存储赋权图的邻接矩阵，定和子集问题存储已知的 n+1 个数，四皇后问题用整数对(i, j)表示棋盘上各个位置)，则不必先建立一个解空间树，然后再搜索该解空间树寻找所需要的解。回溯法实际上在搜索的同时逐步生成解空间树（实际上只需要一部分）。也就是说，对于实际问题我们不必搜索整个解空间树。

为了使搜索更加有效，我们通常在搜索过程中加一些判断条件，以决定搜索是否该终止或改变路线。通常采用两种策略来避免无效的搜索，以提高回溯法的搜索效率：一是使用约束函数在扩展节点处剪去不满足约束的子树；二是用限界函数（后面会介绍）剪去不能得到最优解的子树。这两种函数统称为剪枝函数。

运用回溯法解题通常包括以下三个步骤：

（1）针对所给问题，定义问题的解空间；

（2）确定易于搜索的解空间结构，并画图；

（3）以深度优先的方式搜索解空间，并且在搜索过程中用剪枝函数避免无效的搜索。

5.2 回溯法实例

5.2.1 *n* 皇后问题

1. 问题描述

在 5.1 节已经给出了该问题的解空间，如果用 $(x_1, x_2, \cdots, x_n)$ 表示解，则解空间是自然数 $\{1, 2, \cdots, n\}$ 的一个排列。对于 n 皇后问题，主要任务是给出约束函数，此时我们可以假定带权图是完全图，即只要将实际不相邻的两个顶点用带有权 $+\infty$ 的边连接即可。

在 $n \times n$ 的棋盘上放置彼此不受攻击的 n 个皇后，按照国际象棋的规则，皇后可以攻击与之处在同一行或同一列或同一斜线上的棋子。这里的约束条件是任何两个皇后都不能位于同一行或同一列或同一对角线上。如果我们用 (i, j) 表示棋盘上第 i 行与第 j 列交叉的位置，则在同一条平行于主对角线的对角线上的两点 (i, j) 和 (k, l) 满足关系式 $i - j = k - l$；而处于同一条平行于副对角线的对角线上的两点 (i, j) 和 (k, l) 则满足关系式 $i + j = k + l$。将这两个关系式略做变形即得两种情况的统一表示：

$$|i - k| = |j - l| \tag{5-1}$$

反之，如果棋盘上的两点 (i, j) 和 (k, l) 满足关系式（5-1），则它们一定位于同一条对角线上。所以，如果 $(x_1, x_2, \cdots, x_n)$ 是 n 皇后问题的一个可行解，则对任何 $i \neq k$，等式

$$|i - k| = |x_i - x_k| \tag{5-2}$$

均不得成立，这即是约束条件。

如果假定前面的 $k-1$ 个皇后位置已经排好，现在要安排第 k 个皇后的位置，必须使 $x_i \neq x_k$，而且等式（5-2）不成立，其中 $i = 1, 2, \cdots, k-1$。

经典的八皇后问题，也就是在 8×8 的国际象棋摆放 8 个皇后，使它们不能相互攻击，即任意两个皇后都不能位于同一行或同一列或同一斜线上，如图 5-4 所示。

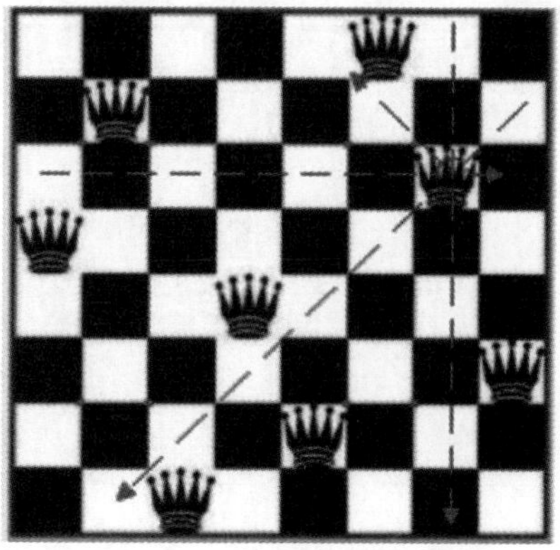

图 5-4 八皇后问题示意图

首先在棋盘上放一个棋子(即皇后,后同),然后放第二个棋子时就要判定和其他棋子是否能吃到(即攻击到),在周围试探放,如果行就放,不行就退回上一行,从上一行找能放的格子,到最后八行都能放棋子的时候就是八皇后了。

2. 算法设计

对于 x_k 所有可能的取值,验证上述条件;对于每个取值 x_k,验证它是否满足上述两个条件,用一个 boolean 函数 Place 来实现。

```
Place( k )
//如果第k个皇后能放在第X[k]列,则返回true,否则返回false,其中X是一个全程数组,
//进入此过程时已经设置了k个值
  global X[1:k]; integer i,k;
  i=1;
  while i<k do
    if X[i]=X[k] or |X[i]-X[k]|= |i-k| then
      return (false);
    end if
    i=i+1;
  end while
  return (true);
end Place
//使用函数Place能使求n皇后问题的回溯算法具有简单的形式
nQueens(n)
  integer k,n,X[1:n];
  X[1]=0; k=1;  //k是当前行,X[k]是当前列
  while k>0 do
     X[k]=X[k]+1;  //转到下一列
     while X[k]<= n && Place(k)=false do
         X[k]=X[k]+1;
     end while
     if X[k]<= n then
        if k=n then
           Print(X);
        else k=k+1; X[k]=0;  //转到下一行
        end if
      else k=k-1;  //回溯
     end if
```

```
    end while
end nQueens
```

5.2.2 旅行商问题

1. 问题描述

旅行商问题的解空间是一个排列，具体示意图在5.1节中有提及。对于旅行商问题，我们可以假定 $x_1=1$，表示推销员的驻地是城市1。采用回溯法，对于旅行商问题主要是给出限界函数。用 $1,2,\cdots,n$ 代表 n 个顶点，用数组 $\{x_1,x_2,\cdots,x_n,x_1\}$ 表示一个周游路线，它是旅行商问题的一个可行解。如果可行解的前 k-1个分量 $(x_1,x_2,\cdots,x_{k-1})$ 已经确定，则判定 $(x_1,x_2,\cdots,x_k)$ 能否形成一条路径，只需做 k-1次比较：

$$x_k \neq x_1, x_k \neq x_2, \cdots, x_k \neq x_{k-1}$$

此即构成旅行商问题的约束条件。

2. 算法设计

用 $w(i,j)$ 表示边 (i,j) 的权值，cl 表示当前路径 $(x_1,x_2,\cdots,x_{k-1})$ 的长度。如果当前知道的最短周游路线长度为 fl，则当 $cl+w(k-1,k)>fl$ 时，$(x_1,x_2,\cdots,x_{k-1},x_k)$ 不会是最短周游路线的一部分，则在解空间树中剪掉相应的一枝，即是旅行商问题的限界条件。此外，当 $k=n$ 时，若 $cl+w(k-1,k)+w(k,1)<fl$，则算法需要更新 fl，令 $fl=cl+w(k-1,k)+w(k,1)$。

旅行商问题的约束条件函数如下：

```
NextValue(k)  //从顶点1出发的路径，如果第k个顶点是顶点X[k]，则返回true,
//否则返回false。X是一个全程数组，进入此过程时已经设置了k个值，其中
//X[1]=1, X[k]是当前扩展顶点
global X[1:k]; integer i,k;
i=1;
while i<k do
   if X[i]=X[k] then
      return (false);
   end if
   i=i+1;
end while
return (true);
end NextValue
```

求旅行商问题的回溯算法：

```
BackTSP(n,W)   //求图 G 从顶点 1 出发的最短周游(Hamilton 圈)路线。W 是
//G 的邻接矩阵;X[k]是当前路径的第 k 个顶点,c 是当前路径的长度,fl 是当前
//所知道的最短的周游路线的长度
integer k,n,X[1:n];  real W[1:n,1:n],cl,fl;
    X[1]=1;X[2]=1; k=2; cl=0; fl=+∞;
    while k>1 do
      X[k]=(X[k]+1) mod n;  //给 X[k]预分配一个值
      for j from 1 to n do
      {
         if NextValue(k)=true then break;
         end if
         X[k]=(X[k]+1) mod n;
       }
      if ( fl <= cl+W[X[k-1],X[k]]) or ( k=n and fl<cl+W[X[k-1],X[k]]+W[X[n],1])
      then
        { k=k-1; cl= cl-W[X[k-1],X[k]]}  //回溯
      else if k=n && fl>=cl+W[X[k-1],X[k]]+W[X[k],1]
      then
        {fl=cl+W[k-1,k]+W[X[k],1];
        k=k-1; cl= cl-W[X[k-1],X[k]] }  //回溯
      else
        { cl= cl+W[X[k-1],X[k]]; k=k+1;  }   //继续纵深搜索
    end while
end BackTSP
```

采用回溯法解决旅行商问题有点类似于暴力枚举法的搜索过程。现在假设我们要拜访 11 个城市,从城市 1 出发,最后回到城市 1。显然,从城市 1 出发后,我们随即可以选择剩余的 10 个城市之一进行拜访,那么很显然就有 10 种选择,以此类推,下一次就有 9 种选择,则总的可选路线数就是 10!。

更一般地,如果要拜访 $n+1$ 个城市,总的可选路线数就是 $n!$,进而时间复杂度就是 $O(n!)$。

5.2.3 图的 *m* 可着色问题

1. 问题描述

给定无向连通图 G 和 m 种不同的颜色,用这 m 种颜色给图 G 的各顶点着色,每个顶点着一种颜色,那么是否有一种着色法使图 G 中每条边连接的 2 个顶点着不同颜色？这个问题就是图的 m 可着色判定问题。若一个图最少需要 m 种颜色才能使图中每条边连接的 2

个顶点着不同颜色，则称这个数 m 为该图的色数。求一个图的色数 m 的问题称为图的 m 可着色优化问题。

如果一个图的所有顶点和边都能用某种方式画在平面上且没有任何两边相交，则称这个图是可平面图。著名的平面图的四色猜想就是图的 m 可着色判定问题的特殊情形。

2. 算法设计

现在所讨论的着色问题是给定图 $G=(V,E)$ 和 m 种颜色，如果这个图不是 m 可着色的，给出否定回答；如果这个图是 m 可着色的，找出所有不同的着色法。

下面根据回溯法的递归描述框架 Backtrack 设计图的 m 着色算法。用图的邻接矩阵 $\boldsymbol{a}$ 表示无向连通图 $G=(V,E)$，若 (i,j) 属于图 $G=(V,E)$ 的边集 E，则 $a[i][j]=1$，否则 $a[i][j]=0$；用整数 $1,2,\cdots,m$ 表示 m 种不同颜色；顶点 i 所着的颜色用 $x[i]$ 表示；数组 $x[1:n]$ 是该问题的解向量。该问题的解空间可以表示为一棵高度为 $n+1$ 的完全 m 叉树，解空间树的第 $i(i=1,2,\cdots,n)$ 层中每一个节点都有 m 个子节点，每个子节点对应于 $x[i]$ 的 m 个可能的着色之一，第 $n+1$ 层节点均为叶节点。例如，$n=3$ 和 $m=3$ 时该问题的解空间树如图 5-5 所示。

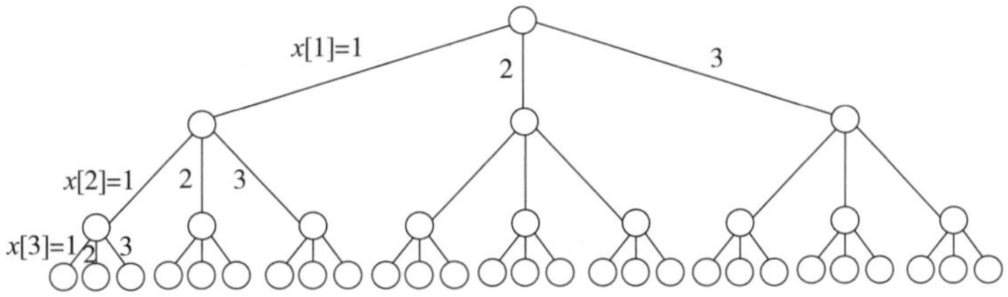

图 5-5　n=3 和 m=3 时的解空间树

在下面求解图的 m 可着色问题的回溯法中，Backtrack(i)搜索解空间中第 i 层子树；类 *Color* 的数据成员记录解空间中节点信息，以减少传给 Backtrack 的参数；*sum* 记录当前已找到的 m 可着色方案数。

在算法 Backtrack 中，当 $i>n$ 时，算法搜索至叶节点，得到新的 m 可着色方案，当前找到的 m 可着色方案数 *sum* 增加 1。

图的 m 可着色问题的回溯算法可描述如下：

```
class Color
{
    friend int mColoring(int,int,int **);
    private:
    bool OK(int k);  //检查颜色是否可用
    void Backtrack(int t);
    int n;  //图的顶点数
    int m;  //可用颜色数
    int **a;  //图的邻接矩阵
```

```
        int *x;  //当前解
        long sum;  //当前已找到的m可着色方案数
    };
    else
        for(int i=1;i<=m;i++)  //m种颜色
        {
            x[t]=i;  //顶点t使用颜色i
            if(OK(t))
               Backtrack(t+1);
               x[t]=0;  //恢复x[t]的初值
        }
    int mColoring(int n,int m,int **a)
    {
        Color X;  //初始化X
        X.n=n;
        X.m=m;
        X.a=a;
        X.sum=0;
        int *p=new int[n+1];
        for(int i=0;i<=n;i++)
          p[i]=0;
          X.x=p;
          X.Backtrack(1);
          delete[] p;
          return
    }
```

图的 m 可着色问题的解空间树中内节点个数是 $\sum_{i=0}^{n-1} m^i$ 。对于每一个内节点,在最坏情况下,检查当前扩展节点的每一个子节点所对应的颜色可用性需耗时 $O(mn)$。因此,回溯法总的时间耗费为

$$\sum_{i=0}^{n-1} m^i(mn) = nm(m^n - 1)/(m-1) = O(nm^n)$$

5.2.4 0-1 背包问题

1. 问题描述

0-1 背包问题是子集选取问题,其解空间可用子集树表示。例如,对于 n=3 时的 0-1 背包问题,可用一棵完全二叉树表示其解空间,如图 5-6 所示。解空间树的第 i 层到第 i+1 层

边上的标号给出了变量的值。从树根节点到叶节点的任一路径表示解空间中的一个元素。例如,从根节点 A 到节点 H 的路径对应于解空间中的元素(1,1,1)。

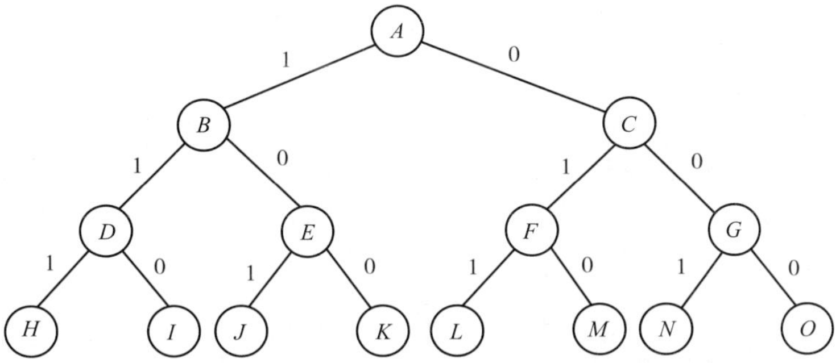

图 5-6 n=3 时 0-1 背包问题的解空间树

如果用 w_i 和 p_i 分别表示第 i 件物品的体积和价值, M 表示背包的容量,则 0-1 背包问题可以描述为确定一个向量 $\boldsymbol{x}=(x_1,x_2,\cdots,x_n)$ 满足:

$$\begin{cases}\max\sum_{i=1}^{n}p_ix_i\\ \sum_{i=1}^{n}w_ix_i\leqslant M\\ x_i\in\{0,1\},i=1,2,\cdots,n\end{cases}$$

2. 算法设计

0-1 背包问题是一个优化问题,因此不仅可以使用约束函数,还可以使用限界函数作为剪枝函数。如果当前背包中的物品总重量是 cw,前面 k−1 件物品都已经决定好是否放入背包中,那么第 k 件物品是否放入背包中取决于不等式 $cw+w_k\leqslant M$ 是否满足,这是搜索的约束函数。另外,我们可以回忆背包问题的贪心算法,当物品按照 $p_i/w_i\geqslant p_{i+1}/w_{i+1}$ 的规则排序时,最优解是 $(x_l,\cdots,x_{l-1},x_l,x_{l+1},\cdots,x_n)=(l,\cdots,l,t,0,\cdots,0)$ 的形式,其中 $0\leqslant t\leqslant 1$。设当前背包中物品的总效益值为 cp,可采用如下方式确定限界函数:

```
BoundF(cp,cw,k,M)   //返回效益值的当前限界
   gloal n, p[1:n],w[1:n];
   integer k,i; real b, c, cp, cw, M;
   b=cp;c=cw;
      for i from k+1 to n do
         c=c+w[i];
         if c < M then b=b+p[i];
         else return b+(1-(c-M)/w[i])*p[i];
         end if
      end for
  return (b);
end BoundF
```

这样确定的限界函数表明，从当前确定的 k–1 定子解空间中搜索到的可行解所能达到的效益值以当前限界函数的值为上界。所以，如果搜索最优解的算法在此之前已经知道大于这个限界值的效益值，则没有必要在当前确定的 k–1 定子解空间中搜索。据此，我们给出 0-1 背包问题的回溯算法如下：

```
BackKnap(M,n,W,P,fw, fp,X)  //M 是背包容量,有 n 件物品,数组 W[1:n] 和 P[1:n]
//分别表示各物品的体积和价值,fw 是背包的最后重量,fp 是背包的最大效益。
//X[1:n]中元素取 0 或 1,若物品 k 未放入背包,则 X[k]=0;否则,X[k]=1
  integer n,k,Y[1:n],I,X[1:n];
  real M,W[1:n],P[1:n],fw,fp,cw,cp;
  cw=0; cp=0; k=1; fp=-1;
  loop
  while k<=n && cw+W[k]<= M do   //使用约束函数
    cw=cw+W[k]; cp=cp+P[k]; Y[k]=1; k=k+1;
  end while
  if k>n then
    fp=cp; fw=cw; k=n; X=Y;   //修改解
  else Y[k]=0;
  end if
  while BoundF(cp,cw,k,M)<=fp do
    while k ≠ 0 && Y[k] ≠ 1 do
      k=k-1;
    end while
    if k=0 then return end if
    Y[k]=0;cw=cw-W[k];cp=cp-P[k];
  end while
  k=k+1;
end loop
end BackKnap
```

该算法采用一个大的循环搜索各条可能的路径。当一条路径的搜索到某一步不能继续往下进行时，或是因为约束函数不满足，或是因为限界函数不满足。它们分别在语句 5~7 的子循环和语句 12~18 的子循环中达到，这是程序的两个主要部分，其余主要是处理边界条件，如 $k>n$ 的验证等。第一种情况出现时，语句 8~11 做出部分处理，剩下的事情交给语句 12~19 处理。0-1 背包问题使用深度优先遍历，以递归方式求出最优解，它的时间复杂度为 $O(n^2)$。

5.2.5 迷宫问题

迷宫实验是取自心理学的一个古典实验。在该实验中，把一只老鼠放入一个无顶的大盒子中，盒子中设立了许多墙，对老鼠的前进方向形成了多处阻挡，且盒子仅在一个出口处放置一块奶酪，吸引老鼠在迷宫中寻找道路以到达出口。用同一只老鼠重复进行上述实验，直至老鼠能直接从入口到达出口，而不走错一步。经过多次实验，老鼠终于找到走通迷宫的线路。现需设计一个计算机程序对任意设定的迷宫求出一条从入口到达出口的通路，或得出没有通路的结论。

1. 算法思想

由于通过邻接的方格可以逐步到达最后的出口，我们可以把每一步所有可能走的方向上的邻接方格都排列起来，然后把这些邻接方格所有可能走的方向上的所有邻接方格继续排列起来。如果一个方格所有方向上都没有可走的邻接方格，我们就不再需要它，可以剔除该方格；如果一个方格所有可能走的方向上的邻接方格都已经列出来，我们就知道了后续的搜索方向，也就不再需要该方格，故也可以剔除该方格。重复前面两个步骤，我们会搜索到所有能走得到的方格，当发现有一个方格是出口后即停止搜索。因为先搜索到的方格在排列出其后续搜索的邻接方格后会先被剔除，如果把排列方格看成是按顺序进入一个队列，被剔除的方格正好是队头元素依次出队，所以可以用队列结构解决迷宫路径搜索问题。

2. 迷宫的描述

迷宫中存在通路和障碍，为了方便迷宫的创建，可以用 0 表示通路，用 1 表示障碍，这样迷宫就可以用 0、1 矩阵来描述。

3. 迷宫的存储

迷宫是一个矩形区域，它的解空间是二维数组，这样迷宫的每一个位置都可以用其行列号来唯一指定，但是二维数组不能动态定义其大小，我们可以考虑先定义一个较大的二维数组 *maze*[$M+2$][$N+2$]，然后用它的前 m 行和前 n 列来存放元素，即可得到一个 $m\times n$ 的二维数组，这样(0,0)表示迷宫入口位置，(m−1,n−1)表示迷宫出口位置。

注意：其中 M 和 N 分别表示迷宫的最大行数和最大列数，下面程序中 M、N 的缺省值均为 39。当然，用户也可根据需要，调整其大小。

```
int maze[m][n];  //迷宫数组
    int i, j;
    for(i=1; i<=m; i++)
        for(j=1; j<=n; j++)
        {
            printf("请您输入第%d 行第%d 列的状态数: 0 或 1\n", i, j);
            scanf("%1d", &maze[i][j]);
        }
```

4. 迷宫路径的搜索

1)搜索方向设置

设置一个队列 *sq*[]记录搜索路径，从数组 *maze*[1][1]开始搜索时，将每个方格下标推入队列，以(i,j)为中心向 8 个邻接区域搜索时下标变化见表 5-1。

表 5-1　以(i,j)为中心搜索 8 个邻接区域时下标增量设置

8		1		2
	$i-1,j-1$	$i-1,j$	$i-1,j+1$	
7	$i,j-1$	i,j	$i,j+1$	3
	$i+1,j-1$	$i+1,j$	$i+1,j+1$	
6		5		4

```
void mazep()  //搜索迷宫路径
{
    int i, j, x, y, v, front, rear, find;
    sq[1].x=1; sq[1].y=1; sq[1].pre=0;
    find=0;
    front=1; rear=1; maze[1][1]=-1;
    while(front<=rear&&!find)
    {
        x=sq[front].x; y=sq[front].y;
        for(v=1; v<=8; v++)
        {
            i=x+zx[v]; j=y+zy[v];
            if(maze[i][j]==0)
            {
                rear++;
                sq[rear].x=i;
                sq[rear].y=j;
                sq[rear].pre=front;
                maze[i][j]=-1;
            }
            if(i==m && j==n)
            {
                printpace(rear);
                find=1;
```

```
            }
        }
        front++;
    }
    if(!find)    printf("不存在走出迷宫的路径! \n");
}
```

2)算法说明

为了使算法执行简便,在四周加上一圈哨兵,即用数组 $maze[0\cdots m+1,0\cdots n+1]$ 表示迷宫,用数组 zx 和 zy 分别表示 x、y 方向上的移动增量,记录的踪迹应该包括当前位置和前驱位置,最后根据 rear 所指的前驱序号回溯得到走出迷宫的最短路径。

```
for(i=0; i<=m+1; i++)
{
   maze[i][0]=1; maze[i][n+1]=1;
}
for(j=0; j<=n+1; j++)
{
  maze[0][j]=1; maze[m+1][j]=1;
}  //给迷宫周围加全1护栏
zx[1]=-1;zx[2]=-1;zx[3]=0;zx[4]=1;zx[5]=1;zx[6]=1; zx[7]=0; zx[8]=-1;
zy[1]=0; zy[2]=1; zy[3]=1;zy[4]=1;zy[5]=0;zy[6]=-1;zy[7]=-1;zy[8]=-1;
printf("走出迷宫的路径如下(数字表示迷宫元素状态的下标):\n");
mazep();
```

3)算法运行效果

输入的迷宫矩阵见表 5-2。

表 5-2 输入的迷宫矩阵

0	0	0		0	0	1	1	1	0	1	1	1	1	0
1	0	1	0	1	1	0	1	1	1	0	0	1	1	1
1	1	1	1	1	1	0		0	0		1	0	1	0
0	1	1	1	1	1	1	0	1	1	0	0	0	1	1
1	0	0	1	1	0	1	1	1	0	1	0	0	1	1
1	1	1	0	1	1	0	1	0	1	1	0	0	1	0
1	0	0		0	0	1	1	0	1	1	0	0	0	1
1	1	1	0	1	0	1	1	0	1	1	0	0	1	0
1	1	1	0	1	0	1	1	1	0	0	0	0	1	1
1	1	1	1	1	1	0	1	1	1	1	1	1	0	0

运算结果如下：

(10,15)<--(10,14)<--(9,13)<--(9,12)<--(9,11)<--(9,10)<--(8,9)<--(7,9)<--(6,9)<--(5,10)<--(4,11)<--(3,10)<--(3,9)<--(4,8)<--(3,7)<--(2,7)<--(1,6)<--(1,5)<--(2,4)<--(1,3)<--(1,2)<--(1,1)<--Pre

基于回溯法的迷宫问题如同在 0、1 矩阵，即连通简单图中寻找一棵生成树的或者是没有通路的图，旨在学习回溯法（深度优先搜索算法）的实际应用，利用计算机对其进行求解可以更快得到答案。

迷宫问题在搜索时需要遍历整个矩阵，假设这个二维矩阵有 m 行、n 列，则它的时间复杂度为 $O(mn)$。

5.2.6 批处理作业调度问题

1. 问题描述

批处理作业调度问题要求对于给定的 n 个作业，制定最佳作业调度方案，使作业调度的完成时间和最小，所以批处理作业调度问题的解空间是一棵排列树。批处理作业调度问题是指给定 n 个作业的集合 $\{1,2,\cdots,n\}$ 和机器 1、2，每个作业必须先由机器 1 处理，然后由机器 2 处理，作业 i 在机器 $j(j=1,\ 2)$上完成处理需要的时间为 t_{ji}。对于一个确定的作业调度，各个作业在机器 2 上完成处理时的时间总和称为该作业调度的完成时间和。

批处理作业调度问题的一个常见例子就是在计算机系统中完成 n 个作业，每个作业都要先完成计算，然后将结果打印输出。其中，计算任务由计算机的中央处理器完成，而打印任务由打印机完成。此时，可以将计算机的中央处理器作为机器 1，打印机作为机器 2。

可以证明，存在最佳调度方案使得 n 个作业可以在机器 1 和机器 2 上按照相同次序完成。例如，考虑 3 个作业的情形见表 5-3。

表 5-3 批处理作业调度实例

作业	机器 1	机器 2
作业 1	2	3
作业 2	3	2
作业 3	2	1

以上 3 个作业的 6（即 3!）种可能的调度方案是 1、2、3，1、3、2，2、1、3，2、3、1，3、1、2 和 3、2、1，它们所对应的完成时间和分别是 20、20、21、19 和 20。例如，对于调度方案 1、2、3，调度过程如图 5-7 所示，可见调度方案 1、2、3 的完成时间和为 5+7+8=20。容易看出，该作业调度问题的最佳调度方案是 3、1、2，其完成时间和为 19。

各任务完成时间				
调度方案	#1	#2	#3	总和
1 2 3	5	7	8	20
1 3 2	5	6	10	21
2 1 3	5	8	9	22
2 3 1	5	6	10	21
3 1 2	3	7	9	19
3 2 1	3	7	10	20

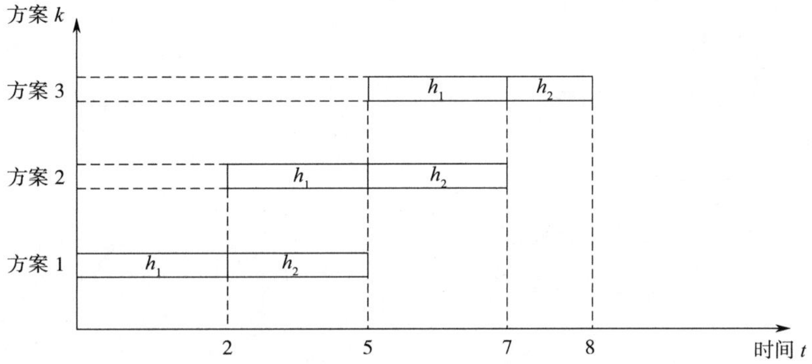

图 5-7 调度方案 1、2、3 的调度过程

2. 算法设计

批处理作业调度问题解的结构是 n 个作业的一个排列，最优解就是 n 个作业的所有排列中具有最小完成时间和的作业调度对应排列。该问题的解空间树是高度为 n 的排列树，其中第 $i(i=1,2,\cdots,n)$层的节点具有 $n-i$ 个子节点，从根节点出发到每个叶节点上路径的编号对应问题的一个可行解。

利用回溯法在该问题的解空间树上进行搜索时，从根节点出发，每次确定下一个要安排的作业，并判断其是否满足约束条件，即新的作业安排需要的执行时间是否小于已有作业安排需要的最少时间，即上界。每一次扩展得到解 X 中的一个元素，直到得到问题的一个最优解。在搜索过程中，目标函数的界取为当前最优作业调度需要的时间，开始时为无穷大。

假设搜索到解空间树的第 i 层某个节点 k，如果当前 $i>n$，说明已经搜索到一个叶子节点，得到一个作业安排方案；如果当前 $i<n$，说明这时已经得到部分解$(x_1,x_2,\cdots,x_{i-1})$，需要进一步确定 x_i 的取值，此时继续对节点 k 对应子树进行搜索，确定第 i 个要安排的作业，并利用目标函数的界避免无效搜索，具体处理过程如 backtrack(i)描述。

对 n 个作业的调度中，各个作业所需机器 1、2 处理的时间存储在数组 m[][]中，利用 f_1 记录已安排作业在机器 1 上完成处理时间，f_2 记录已安排作业在机器 2 上完成处理时间，数组 x[]记录当前作业调度，*bestx*[]存储当前最优作业调度，*bestf* 为当前最优值，可得到求解算法如下。

批处理作业调度问题的回溯求解算法如下。

输入：某个作业在机器 1、2 上处理需要时间 $m[][]$。

输出：最优作业调度及完成时间。

```
int JobSchedule(int m[][],int n)
{
   f1=0;f=0;
   bestf=∞;
   for(i=1;i<=n;i++)
   {
        x[i]=i;
         bestx[i]=0;
        f2[i]=0;
   }
   backtrack(1);
   return (bestf);
}
void backtrack(i)
{
   if(i>n)
  {
    for(j=1;j<=n;j++)
    bestx[j]=x[j];
    bestf=f;
  }
  else
  {
    for(j=i;j<=n;j++)
    {
        f1=f1+m[x[j]][1];
       //求作业 j 在机器 2 上完成时间
      if(f2[i-1]>f1)
          f2[i]=f2[i-1]+m[x[j]][2];
      else
          f2[i]=f1+m[x[j]][2];
         f=f+f2[i];
      if(f<bestf)
```

```
        {
          swap(x[i],x[j]);  //作业安排 x 中第 i 个作业取为 x[j]
          backtrack(i+1);   //继续确定作业安排中的第 i+1 个作业
          swap(x[i],x[j]);  //为搜索其他的作业安排,将上一次的交换恢复
        }
        //向上回溯
        f1=f1-m[x[j]][1];
        f=f-f2[i];
        }
    }
```

其中,*swap*(*x*[*i*],*x*[*j*])用于交换解向量 **x** 中 *x*[*i*]与 *x*[*j*]的取值。

容易看出,在最坏情况下,backtrack 在解空间树中每一个节点处完成的时间 $O(1)$,该问题的解空间树具有 $O(n!)$ 个节点,因此在最坏情况下该算法的时间复杂度为 $O(n!)$。但在实际搜索过程中,利用目标函数的界可以剪去很多不满足约束条件的分支(子树)结构,从而减少了实际运行时的计算量。

5.2.7 定和子集问题

1. 问题描述

定和子集问题的解可以表示成 0-1 数组 $\{x_1, x_2, \cdots, x_n\}$,已知一个正实数的集合 $A=\{w_1, w_2, \cdots, w_n\}$ 和正实数 M,试求 A 的所有子集 S,使 S 中的数之和等于 M,确定所有向量满足:

$$\begin{cases}\sum_{i=1}^{n} w_i x_i = M \\ x = (x_1, x_2, \cdots, x_n) \\ x_i \in \{0,1\}, i = 1, 2, \cdots, n\end{cases}$$

依据 w_i 是否属于 S,x_i 分别取 1 或 0 值,它的树结构是一棵完全二叉树。定和子集问题要求确定所有可行解,采用回溯法求解定和子集问题的过程也是生成解空间树的一棵子树的过程,它的解空间是一棵子集树。当 n=4 时,定和子集问题的解空间树如图 5-8 所示。

按照前面关于回溯算法的基本思想的说明,搜索时采用深度优先的路线,算法只记录当前路径。假设当前扩展顶点是当前路径的 k 级,也就是说当前路径上 x_i(i=1, 2, ⋯, k)已经确定,算法要确定下一步搜索目标。此时有两种情况:

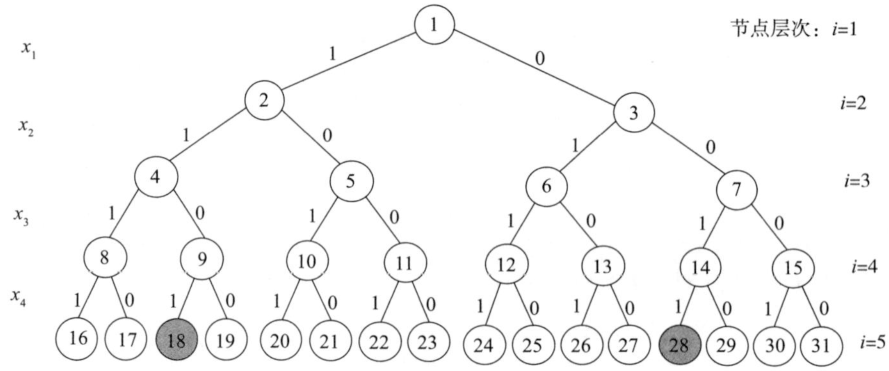

图 5-8 当 n=4 时定和子集问题的解空间树

$$\sum_{i=1}^{n} w_i x_i = M$$

$$\sum_{i=1}^{n} w_i x_i < M$$

前一种情况说明，当前路径已经建立一个可行解，当前扩展顶点即是一个答案顶点，此时应该记录已经获得的解（后面的变量取 0），停止对该路径的继续搜索，返回到前面最近的活节点。后一种情况说明，该算法需要判断是否需要继续向前搜索，显然只有当

$$\sum_{i=1}^{k} w_i x_i + \sum_{i=k+1}^{n} w_i \geqslant M$$

时才有必要继续向前搜索。如果集合中的元素是按非降序排列的，则上述继续搜索的条件还可以加强为

$$B_k = \sum_{i=1}^{k} w_i x_i + \sum_{i=k+1}^{n} w_i \geqslant M$$

$$\sum_{i=1}^{k} w_i x_i + w_{k+1} \leqslant M$$

2. 算法设计

定和子集问题的回溯算法伪码如下：

```
SumSubset( s, k, r )  //寻找 W[1:n]中元素和为 M 的所有子集。W[1:n]中元素按降序
//排列，进入此过程时，X[1], … ，X[k-1]的值已经确定，s = Σ_{j=1}^{k-1} W[j]X[j], r = Σ_{j=k}^{n} W[j]
  global integer M, n; global real W[1:n];
  global boolean X[1:n];
  real r, s; integer k, j;
//由于 Bk-1=true，因此 s + W[k]≤ M
  X[k]=1;  // 生成左子树
  if(s + W[k]= M)then
    print (X[j],j from 1 to k);
```

```
    else
      if(s + W[k] + W[k+1] <= M)then
       SumSubset(s+W[k], k+1, r-W[k]);
      end if
    end if
    if(s + r  - W[k]>= M and s + W[k+1] <= M)then
      X[k]=0;  //生成右子树
      SumSubset(s,k+1,r-W[k]);
    end if
  end SumSubset
```

假定 $W[1]\leqslant M,\sum_{j=1}^{n}W[j]\geqslant M$ 程序开始执行时,B_0=true。同样,程序在递归执行过程中,总是以前提条件 B_{k-1}=true 开始处理第 k 级顶点的子树的生成过程,语句 11 是一个判断条件,如果这个条件不能满足,则没有必要生成 k 级顶点的右子树。而在左子树生成后,语句 4 和语句 7 决定是否沿着这个左子树继续搜索。所以,该算法生成子树的叶顶点或者是某个左子树,此时找到一个可行解;或者是某个右子树,此时由根顶点到该顶点的路径不能延伸为可行解。

5.2.8 装载问题

1. 问题描述

有 n 个集装箱要装上 2 艘载重量分别为 c_1 和 c_2 的轮船,其中集装箱 i 的重量为 w_i,且 $\sum_{i=1}^{n}w_i\leqslant c_1+c_2$。确定是否有一个合理的装载方案可以将这 n 个集装箱装上这 2 艘轮船。如果有,找出一种装载方案。

例如,当 n=3, c_1=c_2=50 时,如果 w=[10, 40, 40],可将集装箱 1 和 2 装上第一艘轮船,而将集装箱 3 装上第二艘轮船;如果 w=[20, 40, 40],则无法将这 3 个集装箱都装上这 2 艘轮船。

当 $\sum_{i=1}^{n}w_i=c_1+c_2$ 时,装载问题等价于定和子集问题。当 c_1=c_2 且 $\sum_{i=1}^{n}w_i=2c_1$ 时,装载问题等价于划分问题。

即使限制 $w_i(i=1,2,\cdots,n)$ 为整数, c_1 和 c_2 也是整数,定和子集问题与划分问题都是 NP 完全问题。由此可知,装载问题也是 NP 完全问题。

容易证明,如果一个给定的装载问题有解,则采用下面的策略可以得到最优装载方案:首先将第一艘轮船尽可能装满;然后将剩余的集装箱装上第二艘轮船。

将第一艘轮船尽可能装满等价于选取全体集装箱的一个子集,使该子集中集装箱重量之和最接近 c_1。由此可知,装载问题等价于以下特殊的 0-1 背包问题:

$$\begin{cases} \max\sum_{i=1}^{n} w_i x_i \\ \sum_{i=1}^{n} w_i x_i \leqslant c_1 \\ x_i \in \{0,1\}, i=1,2,\cdots,n \end{cases}$$

当然可以采用第 3 章的动态规划算法求解该特殊的 0-1 背包问题。所需的计算时间是 $O(\min\{c_1, 2^n\})$。下面讨论采用回溯法设计求解装载问题的 $O(2^n)$ 计算时间算法。在某些情况下,该算法优于动态规划算法。

2. 算法设计

采用回溯法求解装载问题时,用子集树表示其解空间显然是合适的。利用可行性约束函数可剪去不满足约束条件 $\sum_{i=1}^{n} w_i x_i \leqslant c_1$ 的子树。在子集树的第 $j+1$ 层的节点 Z 处,用 cw 表示当前的装载重量,即 $cw = \sum_{i=1}^{j} w_i x_i$,当 $cw > c_1$ 时,以节点 Z 为根节点的子树中所有节点都不满足约束条件,因而该子树中的解均为不可行解,故可将该子树剪去。

在下面求解装载问题的回溯法中,算法 MaxLoading 返回不超过 c 的最大子集和,但并未给出达到这个最大子集和的相应子集,需加以完善。

算法 MaxLoading 调用递归函数 Backtrack(i)实现回溯搜索。Backtrack(i)搜索子集树中第 i 层子树。类 Loading 的数据成员记录子集树中的节点信息,以减少传给 Backtrack 的参数。cw 记录当前节点所对应的装载重量,$bestw$ 记录当前最大装载重量。

在算法 Backtrack 中,当 $i>n$ 时,算法搜索至叶节点,其相应的装载重量为 cw。如果 $cw > bestw$,则表示当前解优于当前最优解,此时应更新 $bestw$。当 $i \leqslant n$ 时,当前扩展节点 Z 是子集树中的内部节点,该节点有 $x[i]=1$ 和 $x[i]=0$ 两个子节点。其左子节点表示 $x[i]=1$ 的情形,仅当 $cw + w[i] \leqslant c$ 时进入左子树,并对左子树递归搜索。其右子节点表示 $x[i]=0$ 的情形,由于可行节点的右子节点总是可行的,故进入右子树时不需检查其可行性。

算法 Backtrack 动态地生成问题的解空间树。在每个节点处算法花费 $O(1)$ 时间。子集树中节点个数为 $O(2^n)$,故 Backtrack 所需的计算时间为 $O(2^n)$。另外,算法 Backtrack 还需要额外的 $O(n)$ 的递归栈空间。

具体算法可描述如下:

```
template<class Type>
class Loading
{
   friend Type MaxLoading(Type[],Type,int);
   Private;
   void Backtrack(int i);
   int n;   //集装箱数
   Type* w,  //集装箱重量数组
```

```
      c,    //第一艘轮船的载重量
    cw,  //当前载重量
    bestw; //当前最优载重量
};
template<class Type>
void Loading<Type>::Backtrack(int i)
{//搜索第 i 层节点
  if(i>n){//到达叶节点
  if(cw>bestw)  bestw=cw;
  Return;}
//搜索子树
  if(cw+w[i]<=c){//x[i]=1
  cw+=w[i];
  Backtrack(i+1);
  cw-=w[i];}
  Backtrack(i+1); //x[i]=0
}
template<class Type>
Type MaxLoading(Type w[],Type c,int n)
{//返回最优载重量
  Loading<Type>X;
//初始化 X
  X.w=w;
  X.c=c;
  X.n=n;
  X.bestw=0;
  X.cw=0;
//计算最优载重量
  X.Backtrack(1);
  return X.bestw;
}
```

本章小结

对于回溯法,还需要说明三点。首先,回溯法主要用于那些困难的组合问题,这些问题可能存在精确解,但我们无法用高效的算法求解。其次,回溯法和穷举查找法是不同的。对于一个问题的所有实例,穷举法注定都是非常缓慢的。但应用回溯法后至少可以希望,对于一些规模不是很小的实例,我们能够在可接受的时间内对问题求解。对于最优问题来说尤其如此,通过对部分构造解的质量进行评估,回溯法的思想在最优问题上得到了进一步强化。最后,即使回溯法没有消去一个问题的状态空间中的任何一个元素,并在结束的时候生成其中的所有元素,它还是提供了一种特定的解题方法,而该方法本身也具有一定价值。

经典面试题及案例分析习题

Part 4　回溯和分支限界(共 18 题,其中前 9 题和大厂原题为必做题)

[Part 4　回溯和分支限界]二维码

上机练习

上机实验四　回溯和分支限界–题解

[上机实验四]二维码

回溯法在实际生活中有很多应用,如使用无人机对特殊地形地貌进行勘测;回溯法解决实际问题时考虑所有可行解,不考虑其他因素,只考虑解的优劣,择优选取,体现了公平公正。

- 目的:
  - 理解回溯法的基本思想,熟练掌握使用回溯法进行算法设计的基本步骤和技巧;
  - 掌握回溯法的递归原理;
  - 应用回溯法解决实际问题。
- 要求:
  - 提交实验报告,报告内容包括实验目的、实验内容、实验步骤、实验结果及分析;
  - 讲解实验内容,锻炼表达及沟通能力。
- 内容
  - 五题必须全部完成。

第一题(经典问题:0–1 背包问题)

第二题(经典问题:旅行商问题)

第三题

题目描述

给你 N 个数字,每个数字均不同,你可以取其中任意个数字求和,如果所得到的结果在给出的数列中也能找到，则输出这个等式。

输入

第一行一个数字 N。

第二行 N 个数字。

输出

输出找到的等式，注意样例的输出格式

样例

输入：

6

1 3 5 7 8 9

输出：

1+7=8

1+8=9

3+5=8

1+3+5=9

第四题

题目描述

敌法师是 DOTA 中受人欢迎的打野英雄，为了让打野更有效率，敌法师经常使用 Blink 技能（我们假设该技能没有 CD 时间）来回穿梭于各个野怪点。假设有 N 个野怪点，敌法师选择其中任何一个开始打野。对于每个野怪点，敌法师使用 T_i 时间杀掉野怪并获取 G_i 金钱。一个地方的野怪如果被杀掉则不会再出现。现在我们的敌法师想获取 M 金钱买装备，但是我们的敌法师没有太多时间，所以我们需要计算敌法师获取 M 金钱的最短时间。

输入

多样例，第一行是样例数目 T。每个样例开始于两个正整数 N 和 M，然后就是 N 行，每行有三个整数 T_i, G_i, K_i，其中 K_i 是敌法师，可以从当前野怪点 Blink 到几个其他的野怪点。最后就是 K_i 个整数 C_{ij}，输入假设如果敌法师可以从 i 野怪点 Blink 到 j 野怪点，则亦可以从 j 野怪点 Blink 回 i 野怪点。

输入的范围：

（1）$1 \leqslant T \leqslant 50$；

（2）$1 \leqslant N \leqslant 50$；

（3）$1 \leqslant T_i \leqslant 10\,000\,000$；

（4）$1 \leqslant M, G_i \leqslant 1\,000\,000\,000$；

（5）$1 \leqslant K_i < N$；

（6）$1 \leqslant C_{ij} \leqslant N$。

输出

对每个样例，输出最短时间。

样例

输入：

3
1 4
2 5 0
1 5
1 4 0
4 10
1 9 0
3 3 1
3
3 3 2
2 4
4 4 1
3

输出

Case 1：2
Case 2：Poor Magina，you can't save the world all the time！
Case 3：10

第五题

题目描述

已知数组 $A[0,\cdots, N-1]$,给定某数值 *sum*,找出数组中的若干个数,使得这些数的和为 *sum*。

第6章　分支限界法

教学目标：

通过本章的学习，掌握分支限界法策略的基本思想；掌握分支限界法的设计策略；通过经典案例学习分支限界法的设计策略。

本章要点【在学会的前面打钩】：

☐　分支限界法的剪枝搜索策略

☐　分支限界法的算法框架（队列式分支限界法、优先队列式分支限界法）

☐　通过范例学习分支限界法的设计技巧

6.1 分支限界法基本思想

6.1.1 剪枝搜索策略

分支限界法类似于回溯法,也是在问题的解空间上搜索问题解的算法。一般情况下,分支限界法与回溯法的求解目标不同,回溯法的求解目标是找出解空间中满足约束条件的所有解,而分支限界法的求解目标则是找出满足约束条件的一个解,或是在满足约束条件的解中找出使某一目标函数值达到极大或极小的解,即在某种意义下的最优解。

由于求解目标不同,导致分支限界法与回溯法对解空间的搜索方式不同。回溯法以深度优先的方式搜索解空间,而分支限界法则以广度优先或最小耗费优先的方式搜索解空间。分支限界法的搜索策略是在扩展节点处先生成其所有的子节点(分支),然后再从当前的活节点表中选择下一个扩展节点。为了有效地选择下一个扩展节点,加快搜索的进程,在每一个活节点处计算一个函数值(限界),并根据该函数值从当前活节点表中选择一个最有利的节点作为扩展节点,使搜索朝着解空间上有最优解的分支推进,以便尽快找出一个最优解。人们已经采用分支限界法解决了大量离散最优化的问题。

6.1.2 分支限界法框架

分支限界法常以广度优先或最小耗费(最大效益)优先的方式搜索问题的解空间树。问题的解空间树是表示问题解空间的一棵有序树,常见的有子集树和排列树。在搜索问题的解空间树时,分支限界法与回溯法的主要区别在于它们对当前扩展节点所采用的扩展方式不同。在分支限界法中,每一个活节点只有一次机会成为扩展节点,而活节点一旦成为扩展节点,就一次性地产生其所有子节点。在这些子节点中,导致不可行解或非最优解的子节点被舍弃,其余子节点被加入活节点表中。此后,从活节点表中取下一个节点成为当前扩展节点,并重复上述节点扩展过程。这个过程一直持续到找到所需的解或活节点表为空时为止。

从活节点表中选择下一个扩展节点的方式不同,即形成不同的分支限界法,最常见的有队列式(FIFO)分支限界法和优先队列式分支限界法两种。

(1)队列式分支限界法将活节点表组织成一个队列,并按队列的先进先出原则选取下一个节点作为当前扩展节点。队列式分支限界法搜索解空间树的方式类似于解空间树的宽度优先搜索,不同的是队列式分支限界法不搜索以不可行节点(已经被判定不能导致可行解或不能导致最优解的节点)为根的子树,这是因为此类节点未被列入活节点表。

(2)优先队列式分支限界法将活节点表组织成一个优先队列,并按优先队列给节点规定的优先级选取优先级最高的下一个节点作为当前扩展节点。优先队列式分支限界法的搜索方式是根据活节点的优先级确定下一个扩展节点。优先队列中规定的节点的优先级常用一个与该节点有关的数值 p 来表示。节点优先级的高低与 p 值大小有关，最大优先队列规定 p 值较大的节点优先级较高。在算法实现时，通常用一个最大堆来实现最大优先队列，用最大堆的 Deletemax 运算抽取堆中的下一个节点作为当前扩展节点，以体现最大效益优先的原则。类似地，最小优先队列规定 p 值较小的节点优先级较高。在算法实现时，通常用一个最小堆来实现最小优先队列，用最小堆的 Deletemin 运算抽取堆中的下一个节点作为当前扩展节点，以体现最小费用优先的原则。

采用优先队列式分支限界法解决具体问题时，应根据问题的特点选用最大优先队列或最小优先队列来表示解空间的活节点表，确定各个节点的 p 值。

例 6-1 旅行商问题。

对于某一 n=4 的旅行商问题，其解空间树是一棵排列树，其赋权图 G 如图 6-1 所示。求赋权图 G 的最小权 Hamilton 圈。

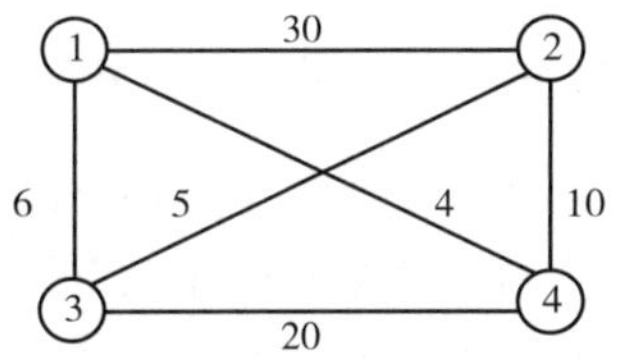

图 6-1 某一 n=4 的旅行商问题赋权图 G

图 6-1 所示赋权图 G 的解空间树如图 6-2 所示。采用队列式分支限界法，以排列树中的节点 B 作为初始扩展节点，此时活节点队列为空。由于从图 G 的顶点 1 到顶点 2、3 和 4 均有边相连，B 的子节点 C、D 和 E 都是可行节点，它们被依次加入活节点队列中，并舍弃当前扩展节点 B，当前活节点队列中的队首节点 C 成为下一个扩展节点。由于图 G 的顶点 2 到顶点 3 和 4 均有边相连，故节点 C 的两个子节点 F 和 G 均为可行节点，可以被加入活节点队列，然后节点 D 和节点 E 相继成为扩展节点，此时活节点队列中的节点依次为 F、G、H、I、J、K。节点 F 成为下一个扩展节点，但其子节点 L 是解空间树的叶节点，从而找到第一条 Hamilton 圈(1, 2, 3, 4, 1)，其费用为 59。下一个扩展节点 G 的子节点 M 也是叶节点，得到第一条 Hamilton 圈(1,2,4,3,1)，其费用为 66。节点 H 成为当前扩展节点，其子节点 N 也是叶节点，得到第三条 Hamilton 圈，其费用为 25，这是当前知道的最优的 Hamilton 圈。下一个扩展节点是 I，由于从根节点到节点 I 的费用 26 已经超过当前最优值，故没有必要扩展节点 I，以节点 I 为根的子树被剪掉。最后依次扩展节点 J 和 K，活节点队列成为空集，算法终止。算法搜索到的最优值是 25，相应的最优解是从根节点到节点 N 的路径(1,3,2,4,1)。

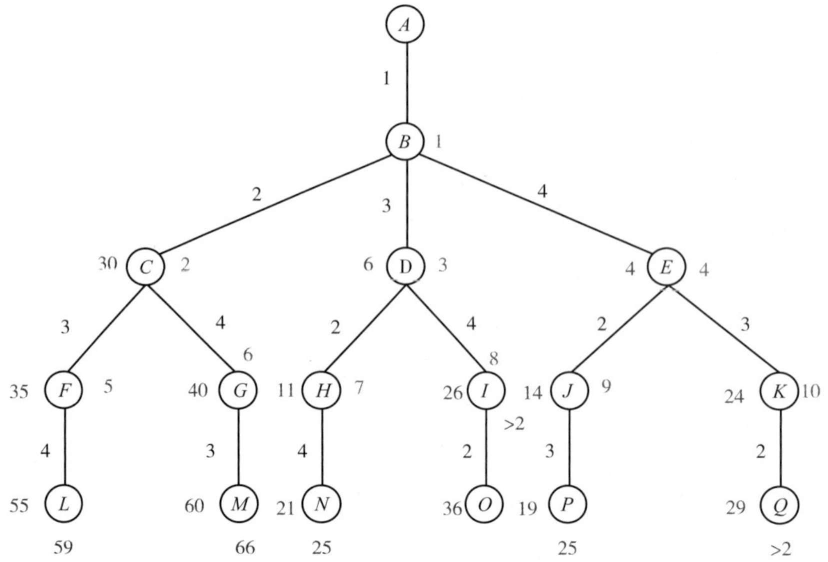

图 6-2　赋权图 *G* 的解空间树

在寻求问题的最优解时，可以用剪枝函数加速搜索。该函数给出每一个可行节点相应的子树可能获得的最大价值的上界，如果这个上界不会比当前最优值更大，则说明相应的子树中不含问题的最优解，因而可以剪去。另外，也可以将该函数确定的每个节点的上界作为优先级，以该优先级的非增序抽取当前扩展节点，这种策略有时可以更迅速地找到最优解。

采用优先队列式分支限界法，用一个最小堆存储活节点表，优先级函数确定节点的当前费用，并且还是以排列树的节点 *B* 和空优先队列开始。节点 *B* 被扩展后，它的 3 个子节点 *C*、*D* 和 *E* 被依次插入堆中。此时，由于节点 *E* 是堆中具有最小当前费用（为 4）的节点，所以其处于堆顶的位置，自然就成为下一个扩展节点。节点 *E* 被扩展后，其子节点 *J* 和 *K* 被插入堆中，它们的费用分别为 14 和 24。此时，堆顶元素是节点 *D*，它成为下一个扩展节点，它的 2 个子节点 *H* 和 *I* 被插入堆中。至此，堆中元素是节点 *C*、*H*、*I*、*J*、*K*。在这些节点中，节点 *H* 具有最小费用，成为下一个扩展节点。扩展节点 *H* 后得到一条 Hamilton 圈（1，3，2，4，1），相应的费用为 25。然后，节点 *J* 成为扩展节点，并由此得到另一条 Hamilton 圈（1，4，2，3，1），相应的费用仍为 25。此后的两个扩展节点是 *K* 和 *I*，由节点 *K* 得到的 Hamilton 圈的费用高于当前所知最小费用，而节点 *I* 当前的费用已经高于当前所知最小费用，因而它们都不能得到最优解。最后，优先队列为空，算法终止。

与 0-1 背包问题的例子类似，可以用一个限界函数在搜索过程中裁剪子树，以减少产生的活节点。此时剪枝函数是当前节点扩展后得到的最小费用的下界。如果在当前扩展节点处，这个下界不比当前最优值更小，则剪去以该节点为根的子树。另外，也可以把每个节点的下界作为优先级，依非降序从活节点优先队列中抽取下一个扩展节点。

6.2 分支限界法实例

6.2.1 0–1背包问题

0-1 背包问题是指给定 n 个体积为 w_i，价值为 p_i 的物品（$i=1,2,\cdots,n$），以及一个容积为 M 的背包，找出其中最有价值的物品子集，并且能够全部装入背包中。背包问题用公式描述如下：

$$\begin{cases}\min(-\sum_{i=1}^{n} p_i x_i)\\ \sum_{i=1}^{n} w_i x_i \leqslant M\\ x_i=\{0,1\},i=1,2,\cdots,n\end{cases}$$

下面讨论如何应用分支限界法求解背包问题，通常有以下两种方式。

1. 采用 LC-分支限界法，转化成极小化问题

0-1 背包问题的解空间树是 n+1 级的完整二叉树，若从根节点到叶节点 X 的路径形成问题的一个可行解，则叶节点 X 是答案节点。为了使最小成本答案节点与最优解相对应，需要对每个答案节点 X 定义 $c(X)=-\sum_{i=1}^{n} p_i x_i$；对于其余的叶节点 X，则定义 $c(X)=\infty$；而对于非叶节点 X，则递归地定义 $c(X)=\min\{c(X_l),c(X_r)\}$，其中 X_l、X_r 分别为非叶节点 X 的左子节点和右子节点。下面构建限界函数 $\hat{c}(X)$ 和优先级函数 $u(X)$，使 $\hat{c}(X)\leqslant c(X)\leqslant u(X)$。假设 X 是 j 级上的一个节点（$j=1,2,\cdots,n+1$），在节点 X 处已经对前 j-1 个变量 x_i 确定取值，则当前背包的价值 $c=-\sum_{i=1}^{j} p_i x_i$，背包中现有物品的体积 $w=\sum_{i=1}^{j} w_i x_i$。在这种情况下，以 X 为根的子树中答案节点的价值应该不小于 LB，不大于 UB，其中 LB 和 UB 分别由以下两个算法确定。

算法 6-1　确定 *UB* 的算法

```
UBValue(c,w,j,M)  //c,w,j,M的含义同前面说明,W[i],P[i]分别代表第i件物品的重量
//和价值,并假定物品的序号是按W[i]/P[i]≥ W[i+1]/P[i+1]的次序排列的
global W[1:n],P[1:n]; integer i,j,n; real a,b;
a=w;b=c;
for i from j to n do
   if a+W[i]<= M then
        a=a+W[i]; b=b-P[i];
   end if
end for
return (b);
end UBValue
```

算法 6-2　确定 *LB* 的算法

```
LBValue(c,w,j,M)   //c,w,j,M的含义同前面说明,W[i],P[i]分别代表第 i 件物品的重量
//和价值,并假定物品的序号是按W[i]/P[i]≥ W[i+1]/P[i+1]的次序排列的
global W[1:n],P[1:n]; integer i,j,n; real a,b;
a=w;b=c;
for i from j to n do
   if a+W[i]<= M then
      a=a+W[i]; b=b-P[i];
   else return (b-(M-a)P[i]/W[i]);
   end if
end for
return (b);
end LBValue
```

于是,可以取 *LB* 和 *UB* 分别为 $\hat{c}(X)$和 $u(X)$。

例 6-2　0-1 背包问题。

对于某 0-1 背包问题,已知 n=4,M=15,(p_1,p_2,p_3,p_4)=(10,10,12,18),(w_1,w_2,w_3,w_4)=(2,4,6,9)。利用上面定义的 $\hat{c}(X)$ 和 $u(X)$,采用分支限界法的算法 LCBB 搜索解空间树的过程如图 6-3 所示。

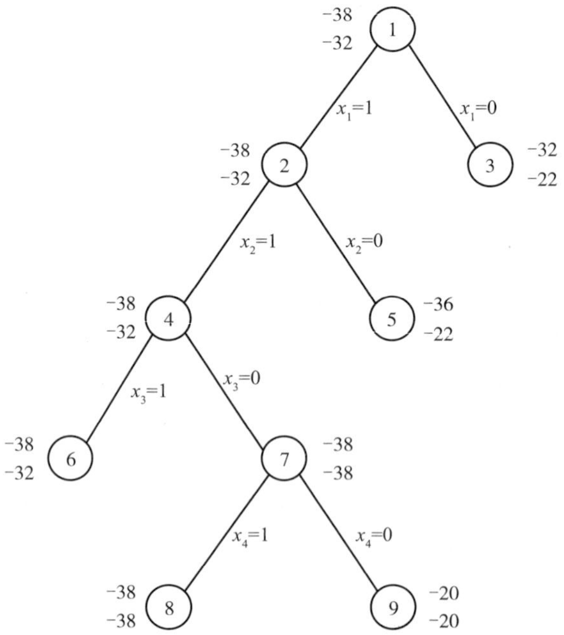

图 6-3　算法 LCBB 的执行过程

将节点 1 作为根节点,有 $\hat{c}(1)=-38$,$u(1)=-32$。由于节点 1 不是答案节点,因此算法 LCBB 置 ans=0 和 $U=-32+\varepsilon$;扩展此节点,生成它的两个子节点 2 和 3,经计算得

$\hat{c}(2)=-38$，$u(2)=-32$，$\hat{c}(3)=-32$，$u(3)=-22$。将节点 2 和 3 放入活节点表，由于 $u(2)<u(3)$，节点 2 被选为下一个扩展节点。扩展节点 2，生成它的两个子节点 4 和 5，经计算得 $\hat{c}(4)=-38$，$u(4)=-32$，$\hat{c}(5)=-36$，$u(5)=-22$。将节点 4 和 5 放入活节点表，目前活节点表中共有 3 个节点，而以节点 4 的成本上界最小，所以节点 4 被选为下一个扩展节点。扩展节点 4，生成它的两个子节点 6 和 7，经计算得 $\hat{c}(6)=-38$，$u(6)=-32$，$\hat{c}(7)=-38$，$u(7)=-38$，将它们放入活节点表。注意节点 6 和 7 的成本上界均小于当前 U 值，故 U 值应该更新，即采用 $-38+\varepsilon$ 更新 U 值。目前活节点表中共有 4 个节点，而以节点 7 的成本上界最小，所以节点 7 被选为当前扩展节点。扩展节点 7，生成它的两个子节点 8 和 9，经计算得 $\hat{c}(8)=-38$，$u(8)=-38$，$\hat{c}(9)=-20$，$u(9)=-20$。因为节点 8 是答案节点，而且由 $cost(8)=\hat{c}(8)=-38<U$，应该用-38 更新 U 值。由于 $\hat{c}(9)=-20>U$，所以节点 9 被舍弃，只将节点 8 放入活节点表。目前，活节点表中共有 4 个活节点，依照它们的成本上界值从小到大排列依次为 8，6，3，5。下一个扩展节点是 8，但是节点 8 是答案节点，而且 $\hat{c}(8)=U$，故程序终止检索，打印出值-38 和路径 8，7，4，2，1，算法结束。由路径转换成解，还应该在算法 LCBB 的实现过程中保留一些能反映 x_i 取值情况的附加信息。其中一种解决方法是给每个解增设一个位信息段 tag，由答案节点到根节点的这一系列 tag 位给出这些 x_i 的值。例如，上面问题中，$tag(2)=tag(4)=tag(6)=tag(8)=1$；$tag(3)=tag(5)=tag(7)=tag(9)=0$。对应于路径 8，7，4，2，1 的一系列 tag 值是 1011，因此所得解是 $x_4=1$，$x_3=0$，$x_2=1$，$x_1=1$。

2. 采用优先队列式分支限界法，直接解极大化问题

LC-分支限界法是优先队列式分支限界法的基本形式之一，任何极大化问题均可以转化成极小化问题，如前面解决 0-1 背包问题。从上面的算法分析中可见，用优先队列式分支限界法解决 0-1 背包问题（作为极大化问题），需要确定以下四点：解空间树中节点的结构、生成一个给定节点的子节点、组织活节点表、识别答案节点。

采用完整的二叉树作为解空间树，活节点表中的每个节点具有 6 个信息段：*Parent*、*Level*、*Tag*、*Cu*、*Cv*、*Pvu*。其中，*Parent* 表示节点 X 的父节点连接指针；*Level* 表示节点 X 在解空间树中的级数，通过置 $X_{Level(X)}=1$ 表示生成 X 的左子节点，置 $X_{Level(X)}=0$ 表示生成 X 的右子节点；*Tag* 给出最优解各个分量 x_i 的值；*Cu* 记录在节点 X 处背包的可用空间（即剩余空间），在确定节点 X 左子节点的可行性时用；*Cv* 记录在节点 X 处背包中已装物品的价值（或效益值），等于 $\sum_{i=1}^{Level(X)} p_i x_i$；*Pvu* 表示在节点 X 所表示的状态下，可行解所能达到的可能值的上界，即当 $x_1,\cdots,x_{l-1}$ 的值确定后，可行解 $x_1,\cdots,x_{l-1},x_l,\cdots,x_n$ 所能达到的效益值的上界。类似地，当 $x_1,\cdots,x_{l-1}$ 的值确定后，可行解 $x_1,\cdots,x_{l-1},x_l,\cdots,x_n$ 所能达到的最大效益值的下界记作 *Pvl*。如果到目前为止所知道的可行解的最大效益值不小于 CL，则当 $Pvu<CL$ 时，就应该舍弃节点 X。所以，$Pvu(X)$可以作为限界函数，同时将 $Pvl(X)$作为优先级函数，关于它们的计算将由一个子程序给出。

作为处理极大化问题的优先队列式分支限界法求解 0-1 背包问题的算法 LCKNAP，采用了六个子程序：LUBound、NewNode、Finish、Init、GetNode 和 Largest。其中，LUBound 用于计算 *Pvl* 和 *Pvu*；NewNode 用于生成一个具有 6 个信息段的节点，给各个信息段置入适当的值，并将此节点加入节点表；Finish 用于打印出最优解的值和此最优解中 $x_i=1$ 的物品；Init 用于对可用节点表和活节点表置初值；GetNode 用于取一个可用节点；Largest 用于在活节点表中取一个具有最大 *Pvl* 值的节点作为下一个扩展节点。

算法 6-3　0-1 背包问题的优先队列式分支限界算法

```
LCKNAP(P,W,M,N, ε)
//假定物品的排列顺序遵循 P[i]/W[i]≥P[i+1]/W[i+1];
    real P[1:N],W[1:N],M,CL,Pvl,Pvu,cap,prof;
    integer ANS,X,N;
    Init;  //初始化可用节点表及活节点表
    GetNode(E);  //生成根节点
    Parent(E)=0;Level=1;Cu(E)=M;Cv(E)=0;
    LUBound(P,W,M,N,1,Pvl,Pvu);
    CL=Pvl- ε ;UB(E)=Pvu;
    loop
        i=Level(E); cap=Cu(E);prof=Cv(E);
        case
            :i=N+1:  //解节点
                if prof>CL then
                    CL=prof; ANS=E;
                end if
            :else:  //E 有两个子节点
                if cap>=W[i] then  //左子节点可行
                    NewNode(E,i+1,1,cap-W[i],prof+P[i],UB(E));
                end if
                LUBound(P,W,cap,prof,N,i+1,Pvl,Pvu);
                if Pvu>CL then  //右子节点保留
                    NewNode(E,i+1,0,cap,prof,Pvu);
                    CL=max(CL,Pvl- ε );
                end if
        end case
            if 不再有活节点 then exit
            end if
            Largest(E);  //取下一个扩展节点
        until UB(E)<= CL;
    end loop
        Finish(CL,ANS,N);
end LCKNAP
```

算法 6-3 中有两点值得注意。

(1)loop 循环依次检查所生成的每个节点。此循环在以下两种情况下终止:一是不再剩有活节点；二是为了扩展而选择的节点 E(扩展节点)满足 $UB(E) \leqslant CL$。在后一种情况下，由扩展节点的选法可知，对所有的扩展节点 X 均有 $UB(X) \leqslant UB(E) \leqslant CL$，因而它们都不能导致其值比 CL 更大的解。

（2）在左子节点 X 可行的情况下，由 LUBound 算出它的上界，并由此得到 $UB(X) = UB(E)$。因为 $UB(E) > CL$ 或者 $CL = Pvu - \varepsilon < Pvu$，所以将 X 加入活节点表。由于左子节点的下界、上界与节点 E 相同，因而不必再计算。但是右子节点则不同，所以需要调用函数 LUBound 来获取 $UB(Y) = Pvu$。如果 $Pvu \leqslant CL$，则舍弃节点 Y；否则，将节点 Y 加入活节点表，并修改 CL 的值。

下面给出前面提到的几个子程序。

算法 6-4　计算节点状态下可能取得最大效益值的上、下界

```
LUBound(P, W, rw, cp, N, k, Pvl, Pvu)//rw 是背包的剩余容量，cp 是已取得的效益值，
//还有物品 k,…,N 要考虑
    Pvl=cp; c=rw;
    for i from k to N do
        if c<W[i] then Pvu=Pvl+c*P[i]/W[i];
            for j from i+1 to N do
                if c>=W[j] then
                    c=c-W[j]; Pvl=Pvl+P[j];
                end if
            end for
            return
        end if
        c=c-W[i]; Pvl=Pvl+P[i];
    end for
    Pvu=Pvl;
end LUBound
```

算法 6-5　生成新节点

```
NewNode(par, lev, t, cap, prof, ub)  //生成一个新节点 J，并把它加到活节点表
    GetNode(J);
    Parent(J)=par;Level(J)=lev;Tag(J)=t;
    Cu(J)=cap; Cv(J)=prof; UB(J)=ub;
    Add(J);
end NewNode
```

算法 6-6 打印答案

```
Finish(CL,ANS,N)  //输出解
    real CL; global Tag,Parent;
    print('OBJECTS IN KNAPSACK ARE')
        for j from N by  -1 to 1 do
            if Tag(ANS)=1 then
                print(j);
            end if
            ANS=Parent(ANS);
        end for
end Finish
```

6.2.2 旅行商问题

在 6.1 节中详细讲述了旅行商问题的例子,可知旅行商问题的解空间树是一棵排列树。与前面关于子集树的讨论类似,实现对排列树搜索的优先队列式分支限界法也可以有两种不同的实现方式:一种是仅用一个优先队列来存储活节点,优先队列中的每个活节点都存储从根节点到该活节点的相应路径;另一种是用优先队列来存储活节点,并同时存储当前已构造出的部分排列树。在第二种实现方式下,优先队列中的活节点就不必再存储从根节点到该活节点的相应路径,这条路径可以在必要时从存储的部分排列树中获得。在下面的讨论中我们采用第一种实现方式。在具体实现时,用邻接矩阵表示所给的图 G,在类 Traveling 中用二维数组 a 存储图 G 的邻接矩阵。

```
template<class Type>
class Traveling
{
   friend void main(void);
   public:
     Type BBTSP(int v[]);
   private:
     int n;   //图 G 的顶点数
     Type **a,   //图 G 的邻接矩阵
     NoEdge,  //图 G 的无边标志
     cc,  //当前费用
     bestc;  //当前最小费用
};
```

为了找最小费用旅行商回路,我们选用最小堆表示活节点优先队列,最小堆中元素的类型为 MinHeapNode。该类型节点包含域 x,用于记录当前解;s 表示节点在排列树中的层次,

从排列树的根节点到该节点的路径为 $x[s:n-1]$，需要进一步搜索的顶点是 $x[s+1:n-1]$；*cc* 表示当前费用；*lcost* 是子树费用的下界；*rcost* 是 $x[s:n-1]$ 中顶点最小出边费用和。具体算法可描述如下：

```
template<class Type>
class MinHeapNode
{
    friend Traveling<Type>;
    public:
        operator Type() const
        {
            return lcost;
        }
    private:
        Type lcost,  //子树费用的下界
        cc,  //当前费用
        rcost;  //x[s:n-1]中顶点最小出边费用和
        int s,  //根节点到当前节点的路径为 x[0:s]
        *x;  //需要进一步搜索的顶点是 x[s+1,n-1]
};
```

算法开始时创建一个最小堆，用于表示活节点优先队列。最小堆中每个节点的 *lcost* 值是优先队列的优先级。然后计算出图中每个顶点的最小费用出边，并用 *Minout* 记录。如果所给的有向图中某个顶点没有出边，则该图不可能有回路，算法即结束。如果每个顶点都有出边，则根据计算出的 *Minout* 做算法初始化。算法的第一个扩展节点是排列树中根节点的唯一子节点，在该节点处已确定的回路中唯一顶点为顶点 1。因此，初始时有 $s=0$，$x[0]=1$，$x[1:n-1]=(2,3,\cdots,n)$，$cc=0$ 且 $\sum_{j=s}^{n} Minout[i]$，且算法中用 *bestc* 记录当前最优值。

```
template<class Type>
Type Traveling<Type>::BBTSP(int v[])
{ //解旅行商问题的优先队列式分支限界法
    //定义最小堆的容量为 1000
    MinHeap<MinHeapNode<Type>> H(1000);
    Type * MinOut = new Type[n+1];
    //计算 MinOut[i] = 顶点 i 的最小出边费用
    Type MinSum = 0;  //最小出边费用和
    for(int i=1; i<=n; i++)
    {
```

```
        Type Min = NoEdge;
        for(int j=1; j<=n; j++)
        {
         if(a[i][j]!=NoEdge && (a[i][j]<Min||Min==NoEdge))
         {
            Min = a[i][j];
          }
        }
        if(Min == NoEdge)
        {
            return NoEdge;  //无回路
        }
        MinOut[i] = Min;
        MinSum += Min;
    }//初始化
    MinHeapNode<Type> E;
    Ex = new int[n];
    for(int i=0; i<n; i++)
    {
        E.x[i] = i+1;
    }
    E.s = 0;
    E.cc = 0;
    E.rcost = MinSum;
    Type bestc = NoEdge;
    //搜索排列空间树
    while(E.s<n-1)
    {//非叶节点
        if(E.s == n-2)
        {//当前扩展节点是叶节点的父节点
        //再加 2 条边构成回路
        //所构成回路是否优于当前最优解
        if(a[E.x[n-2]][E.x[n-1]]!=NoEdge && a[E.x[n-1]][1]!=NoEdge
            && (E.cc+a[E.x[n-2]][E.x[n-1]]+a[E.x[n-1]][1]<bestc
            || bestc == NoEdge))
        {
```

```
        //费用更小的回路
        bestc = E.cc + a[E.x[n-2]][E.x[n-1]]+a[E.x[n-1]][1];
        E.cc = bestc;
        E.lcost = bestc;
        E.s++;
        H.Insert(E);
      }
      else delete[] E.x;
    }  //舍弃扩展节点
    else
    {//产生当前扩展节点的子节点
      for(int i=E.s+1;i<n;i++)
        if(a[E.x[E.s]][E.x[i]]!=NoEdge)
        {//可行子节点
         Type cc = E.cc + a[E.x[E.s]][E.x[i]];
         Type rcost = E.rcost - MinOut[E.x[E.s]];
         Type b = cc + rcost;  //下界
         if(b<bestc || bestc == NoEdge)
         {//子树可能含有最优解
          //节点插入最小堆
          MinHeapNode<Type> N;
          N.x = new int[n];
          for(int j=0; j<n; j++)
              N.x[j] = E.x[j];
              N.x[E.s+1] = E.x[i];
              N.x[i] = E.x[E.s+1];
              N.cc = cc;
              N.s = E.s + 1;
              N.lcost = b;
              N.rcost = rcost;
              H.Insert(N);
          }
        }
        delete []E.x;
    } //完成节点扩展
    try{ H.DeleteMin(E);}  //取下一个扩展节点
    catch(OutOfBounds){break;}  //堆已空
```

```
    }
    if(bestc == NoEdge)   return NoEdge;   //无回路
    //将最优解复制到 v[1:n]

    for(int i=0; i<n; i++)
        v[i+1] = E.x[i];
    while(true)
    { //释放最小堆中所有节点
      delete []E.x;
      try{ H.DeleteMin(E);}
      catch(OutOfBounds){break;}
    }
    return bestc;
}
```

算法中 while 循环的终止条件是排列树的叶节点成为当前扩展节点。当 $s=n-1$ 时，已找到的回路前缀是 $x[0:n-1]$，它已包含图 G 的所有 n 个顶点。因此，当 $s=n-1$ 时，相应的扩展节点表示叶节点。此时该叶节点所对应的回路的费用等于 cc 和 $lcost$ 的值，剩余的活节点的 $lcost$ 值不小于已找到的回路的费用，它们都不可能产生费用更小的回路。因此，已找到的叶节点所对应的回路是一个最小费用旅行商回路，算法可以结束。

算法的 while 循环完成对排列树内部节点的扩展。对于当前扩展节点，算法可分为两种情况处理。

当 $s=n-2$ 时，当前扩展节点是排列树中某个叶节点的父节点。如果该叶节点对应一条可行回路且费用小于当前最小费用，则将该叶节点插入优先队列中，否则舍去该叶节点。

当 $s<n-2$ 时，算法依次产生当前扩展节点的所有子节点。由于当前扩展节点所对应的路径是 $x[0:s]$，其可行子节点是从剩余顶点 $x[s+1:n-1]$ 中选取的顶点 $x[i]$，且 $(x[s],x[i])$ 是所给有向图 G 中的一条边。对于当前扩展节点的每一个可行子节点，计算出其前缀 $(x[0:s],x[i])$ 的费用 cc 和相应的下界 $lcost$。当 $lcost<bestc$ 时，将这个可行子节点插入活节点优先队列中。

当所给的有向图没有回路时，算法返回 NoEdge，否则返回找到的最小费用，对应的最优解由数组 V 给出。

在最差情况下，至多会扩展 2^n 个节点（考虑每个节点使用与不使用两种情况）。对每个节点扩展的时间复杂度包括以下几部分：边选取操作为 $O(n^2)$，右子节点生成为 $O(n)$，左子节点生成为 $O(n^2)$。则节点扩展时间复杂度为 $O(n^2)$，在最坏情况下算法的时间复杂度为 $O(2^n n^2)$。

6.2.3 任务分配问题

任务分配问题是指把 n 项任务分配给 n 个人，并使总分配成本尽可能小，且每项任务只能由一个人来执行,每个人也只能执行一项任务,其中第 i 项任务分配给第 j 个人的成本为 $C[i, j]$,给出一种任务分配方案,使任务完成的总成本最小。任务分配问题的解空间是二维矩阵,所以我们可以把问题定义为从矩阵的每一行中选取一个元素,使任意两个元素都不在同一列上,并使它们的成本尽可能小。图 6-4 所示便是一个 n=4 的任务分配问题的成本矩阵。

$$\begin{array}{cc} & \begin{array}{cccc} J_1 & J_2 & J_3 & J_4 \end{array} \\ \boldsymbol{C}= & \left[\begin{array}{cccc} 9 & 2 & 7 & 8 \\ 6 & 5 & 3 & 7 \\ 5 & 8 & 1 & 8 \\ 7 & 6 & 9 & 4 \end{array}\right]\begin{array}{c} W_1 \\ W_2 \\ W_3 \\ W_4 \end{array} \end{array}$$

图 6-4 n=4 的任务分配问题的成本矩阵

包括最优解在内,任意解的成本都不会小于矩阵每一行中最小元素的和。对于该实例来说,它的和是 $2+3+1+4=10$。必须强调,这个和并不是任意合法选择的成本,它仅是任意合法选择的成本下界。

由该实例来看,任务分配问题可以通过穷举法进行求解。假设 $(j_1, j_2, \cdots, j_n)$ 是一个可行解,其中 $j_i(i=1,2,\cdots,n)$ 表示第 i 项任务分配给第 j_i 个人来完成,那么一个可行的分配方案与 n 个整数的排列存在一一对应关系,因此该方法的复杂度为 $O(n!)$。

在利用分支限界法求解任务分配问题时,需要确定成本函数、估计函数和上界函数。

(1)成本函数:记录节点 X 的部分分配方案的成本。

(2)估计函数:对于根节点,可以选择每行的最小值之和作为估计函数值;对于除根节点外的内节点 X,由于 X 处已经确定部分任务的分配方案,因此估计函数值是已确定的部分分配方案的成本与未分配任务的估计函数值之和,只不过在计算估计函数值时,注意不要给当前已分配任务的人员重复分配任务;对于叶节点,即为对应的分配方案的成本。

(3)上界函数:可以简单地设置为 ∞。

任务分配问题的解空间树有两种画法:一是以任务为主,即将成本矩阵 $\boldsymbol{C}$ 按照行逐个任务的分配,每次考虑第 i 项任务分配给哪个人去完成;二是以人为主,即将成本矩阵 $\boldsymbol{C}$ 按照列逐个人的安排,每次考虑第 j 个人应当完成哪一项任务。这两种方法是类似的,此处采用第一种方法来求解。

以图 6-4 给出的成本矩阵 $\boldsymbol{C}$ 为例,可以求出解空间树,如图 6-5 所示。由于只要确定了前面 $n-1$ 项任务的分配方案,第 n 项任务的分配方案就可以确定了,所以在图中没有给出 x_4。

图 6-5 中,圆圈内数字表示节点的生成顺序,旁边的数字表示估计成本值,$x_i=j$ 表示第 i 项任务分配给第 j 个人去完成。可见,最优分配方案为(2,1,3,4),此时成本为 13。

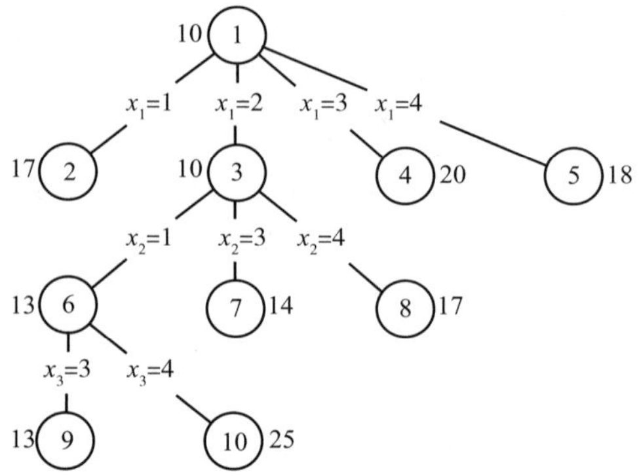

图 6-5　一个任务分配问题(图 6-4)的解空间树

以节点 7 为例说明内节点的估计成本计算方法。由于到达节点 7 时,已确定第 1 项任务和第 2 项任务分别分配给第 2、3 个人去完成,因此可以将成本矩阵看作如图 6-6 所示矩阵。

$$\boldsymbol{C}_7=\begin{array}{c} \begin{matrix} J_1 & J_2 & J_3 & J_4 \end{matrix} \\ \begin{bmatrix} \infty & 2 & \infty & \infty \\ \infty & \infty & 3 & \infty \\ 5 & \infty & \infty & 8 \\ 7 & \infty & \infty & 4 \end{bmatrix} \begin{matrix} W_1 \\ W_2 \\ W_3 \\ W_4 \end{matrix} \end{array}$$

图 6-6　节点 7 对应的成本矩阵

所以,其估计函数值为 5+5+4=14,其中第一项是前两项任务分配后的成本,第二项是矩阵中第 3 行的最小值,第 4 项是矩阵中第 4 行的最小值。

需要指出的是,任务分配问题有一个称为匈牙利法(因由两位匈牙利数学家提出而得名)的多项式时间算法,所以此处只是以此问题来说明分支限界法的应用,并不作为实际应用来设计程序。

6.2.4　布线问题

印刷电路板将布线区域划分成 $n\times m$ 个方格阵列,如图 6-7(a)所示。精确的电路布线问题要求确定连接方格 a 的中点到方格 b 的中点的最短布线方案。在电路布线时,线路只能沿直线或直角设置,如图 6-7(b)所示。为了避免线路相交,对已布线的方格做封锁标记,其他线路不允许穿过被封锁的方格。

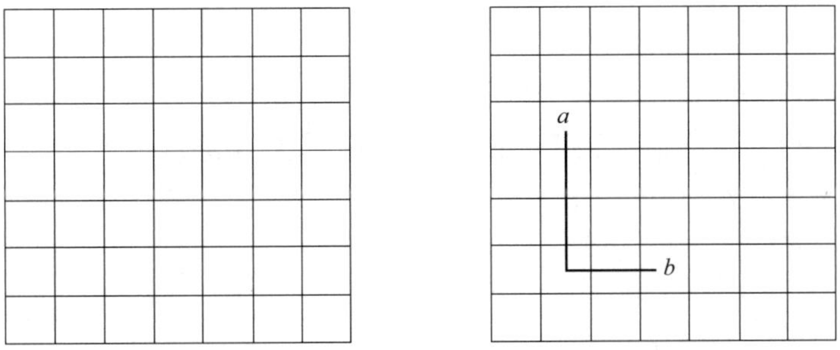

（a）布线区域　　（b）沿直线或直角布线

图 6-7　印刷电路板布线示例

下面讨论用队列式分支限界法来求解布线问题。布线问题的解空间是一个图。求解此问题的队列式分支限界法从起始方格 *a* 开始，并将它作为第一个扩展节点，与该扩展节点相邻并且可达的方格作为可行节点被加入活节点队列中，并且将这些方格标记为 1，即从起始方格 *a* 到这些方格的距离为 1；然后从活节点队列中取出队首节点作为下一个扩展节点，并将与当前扩展节点相邻且未标记过的方格标记为 2，且存入活节点队列。这个过程一直继续到算法搜索到目标方格 *b* 或活节点队列为空时为止。

在实现上述算法时，首先定义一个表示印刷电路板上方格位置的类 *Position*，它的两个私有成员 *row* 和 *col* 分别表示方格所在的行和列。在印刷电路板的任何一个方格处，布线可沿右、下、左、上 4 个方向进行，且沿这 4 个方向的移动分别记为移动 0, 1, 2, 3，见表 6-1。其中，*offset*[*i*].*row* 和 *offset*[*i*].*col*（ *i*=0，1，2，3 ）分别给出沿这 4 个方向前进一步相对于当前方格的相对位移。

表 6-1　布线方向和移动对应关系

移动 *i*	方向	*offset*[*i*].*row*	*offset*[*i*].*col*
0	右	0	1
1	下	1	0
2	左	0	−1
3	上	−1	0

在实现上述算法时，用二维数组 *grid* 表示所给的方格阵列。初始时，*grid*[*i*][*j*]=0，表示该方格允许布线，而 *grid*[*i*][*j*]=1 表示该方格被封锁，不允许布线。为了便于处理方格边界的情况，算法在所给方格阵列四周设置了一道“围墙”，即增设标记为“1”的附加方格。算法开始时，需要测试初始方格与目标方格是否相同。如果这两个方格相同则不必计算，直接返回最短距离 0，否则算法设置方格阵列的“围墙”，初始化位移矩阵 *offset*，并将起始位置的距离标记为 2。由于数字 0 和 1 用于表示方格的开放或封锁状态，所以在表示距离时不用这两个数字，并将距离的值都加 2，而实际距离应为标记距离减 2。算法从起始位置 *start* 开始，标记所有标记距离为 3 的方格并存入活节点队列，然后依次标记所有标记距离为 4,5,⋯ 的

方格,直至到达目标方格 *finish* 或活节点队列为空时为止。具体算法可描述如下:

```
bool FindPath ( Position start, Position finish, int&. PathLen, Position * &path)
{//计算从起始位置 start 到目标位置 finish 的最短布线路径
//找到最短布线路径则返回 true,否则返回 false
    if ((start. row == finish. row) && (start. col == finish. col))
    {PathLen = 0; return true;}
    //设置方格阵列"围墙"
    for (int i = 0; i<= m+1; i++)
        grid[0][i] = grid[n+1][i]= 1;  //顶部和底部
    for(int i=0;i<=n+1;i++)
        grid[i][0]= grid[i][m+1]= 1;  //左侧和右侧
    //初始化相对位移
    Position offset[4];
    offset[0]. row = 0; offset[0].col = 1;  //右
    offset[1]. row = 1; offset[1].col = 0;  //下
    offset[2]. row = 0; offset[2].col =-1;  //左
    offset[3]. row = - 1; offset[3].col = 0;  //上
    int NumOfNbrs = 4;  //相邻方格数
    Position here, nbr;
    here. row = start. row;
    here. col = start. col;
    grid[ start. row ][ start. col] = 2;
    //标记可达方格位置
    LinkedQueue < Position> Q;
    do
    {//标记可达相邻方格
        for (int i= 0; i< NumOfNbrs; i++)
        {
            nbr. row=here. Row + offset[i]. row;
            nbr. col = here. col + offset[i]. col;
            if (grid[ nbr. row][nbr. col] == 0)
            {
            //该方格未标记
            grid[ nbr. row][ nbr. col] = grid[ here. row][here. col] + 1;
            if ((nbr. row == finish. row) &&(nbr. col == finish. col)) break; //完成布线
            Q.Add(nbr);
```

```
            }
        }
        //是否到达目标位置 finish
        if ((nbr. row == finish. row) &.&(nbr. col == finish. col)) break;

        //活节点队列是否非空
        if (Q. IsEmpty()) return false;  //无解
        Q. Delete(here);  //取下一个扩展节点
    }
        while( true) ;
        //构造最短布线路径
        PathLen = grid[ finish. row ][finish. col] - 2;
        path = new Position [PathLen];
        //从目标位置 finish 开始向起始位置回溯
        here = finish;
        for (int j = PathLen-1; j>= 0; j--)
       {
        path[j] = here;
        //找前驱位置
        for (int i= 0; i< NumOfNbrs; i++)
        {
            nbr. row = here. row+offset[i]. row;
            nbr. col = here. col+offset[ i]. col;
            if (grid[ nbr. row][nbr. col] == j+ 2) break;
        }
        here = nbr;  // 向前移动
    }
    return true;
}
```

图 6-8 所示为在一个 7×7 方格阵列中布线的实例。其中,起始位置是 *a*=(3, 2),目标位置是 *b*=(4, 6),阴影方格表示被封锁的方格。当算法搜索到目标方格 *b* 时,将目标方格 *b* 标记为从起始位置 *a* 到 *b* 的最短距离。本例中,*a* 到 *b* 的最短距离是 9。要构造出与最短距离对应的最短路径,从目标方格开始向起始方格方向回溯,逐步构造出最优解。每次向标记距离比当前方格标记距离少 1 的相邻方格移动,直至到达起始方格为止。在图 6-8(a)的例子中,从目标方格 *b* 移到(5, 6),然后移至(6, 6),……,最终移至起始方格 *a*,得到相应的最短路径,如图 6-8(b)所示。

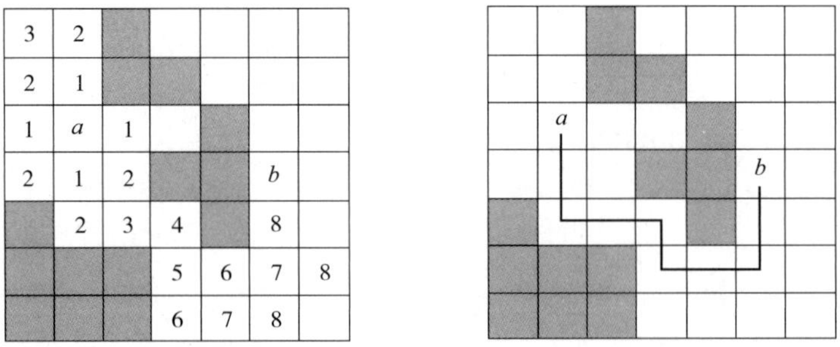

（a）标记距离　　（b）最短布线路径

图 6-8　7×7 方格阵列中布线实例

由于每个方格成为活节点进入活节点队列最多 1 次，因此活节点队列中最多只处理 $O(mn)$个活节点，而扩展每个节点需 $O(1)$时间，因此算法共耗时 $O(mn)$；而构造对应的最短距离需要 $O(L)$时间，其中 L 是最短布线路径的长度。

6.2.5　重排九宫问题

假设在一个 3×3 格的小盘中的 8 个格放有 8 个分别带有 1~8 编号的卡牌，另有一个空格，允许的操作是每次只能把一个与空格相邻的卡牌移动到空格上。对于任意给定的一种初始状态（图 6-9（a）），要求确定一系列的移动步骤，以将其转换为目标状态（图 6-9（b）），此即重排九宫问题。

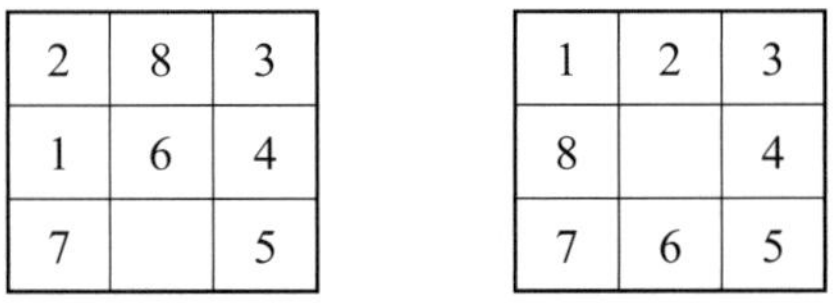

（a）初始状态　　（b）目标状态

图 6-9　重排九宫问题实例

用解空间树中的节点表示移动的状态，如果采用回溯法或者队列式分支限界法求解该问题，会得到两棵比较大的解空间树，而借助成本估计函数，则可以大大简化解空间树。

取成本估计函数 $C(\hat{X})=f(X)+g(\hat{X})$，其中 $f(X)$ 为根节点到 X 节点的路径长度，$g(\hat{X})$ 为在状态 X 中不在目标位置的卡牌个数。对于图 6-9（a），$f(X)=0$，$g(\hat{X})=4$，因此 $C(\hat{X})=4$。

利用该函数可以得到如图 6-10 所示的解空间树。其中，节点右侧圆圈中的数值表示成本估计函数值，不带圆圈的值表示搜索次序，沿箭头方向可形成一个可行解。

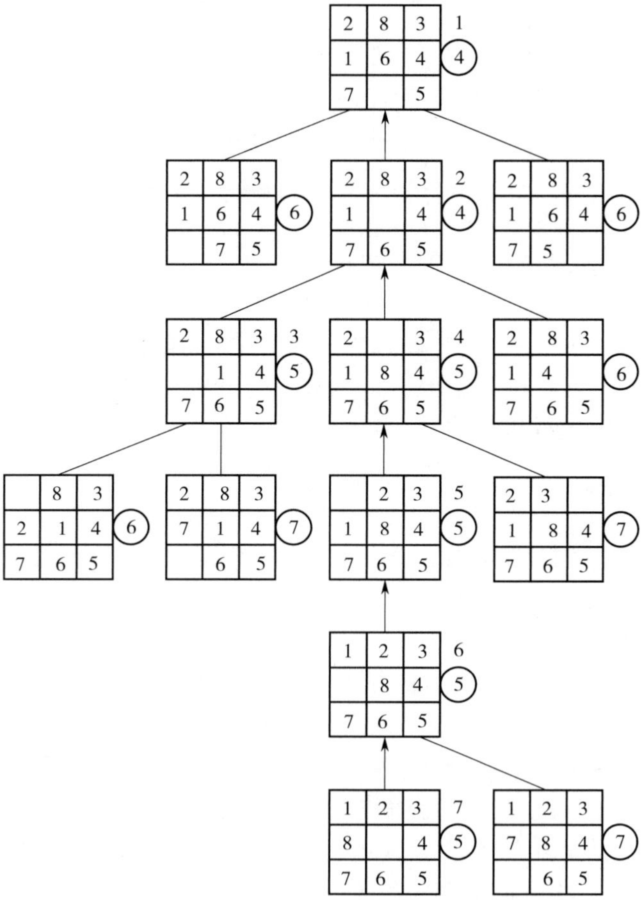

图 6-10　图 6-9 所示重排九宫问题的解空间树

在上述方法中，$g(\hat{X})$ 不能对卡牌的结构做出很好的估计。如图 6-11 所示，其中（a）的 $g(\hat{X})=7$，而（b）的 $g(\hat{X})=5$，似乎后者更容易达到解节点，但是实际情况并非如此。因此，可以选择一个更优的估计函数。

一个好的估计函数应该考虑到：

（1）每个卡牌离开目标位置的距离；

（2）卡牌相对位置的稳定性。

此处，采用估计函数 $h(\hat{X})=p(X)+3s(X)$，其中

$$p(X)=\sum_{y\in X} d(y)$$

$$s(X)=\sum_{y\in X} N(y)$$

且有 $d(y)$ 为第 y 个卡牌离开目标位置的距离，以及

$$N(y)=\begin{cases} 0 & y\text{与其后卡牌相对位置不变} \\ 1 & y\text{在中心位置} \\ 2 & \text{其他} \end{cases}$$

8	1	2
	6	3
7	5	4

(a)

2	8	1
4		3
7	6	5

(b)

图 6-11　用于比较估计函数的两个结构

从而，$C(\hat{X})=f(X)+g(\hat{X})=f(X)+p(X)+3s(X)$。如图 6-11(a)所示，除 $d(7)=0$ 外，其余 7 个卡牌的 $d(y)$值均为 1，而 $N(y)$值分别为 $N(1)=N(2)=N(3)=N(4)=N(8)=0$，$N(7)=2$，$N(6)=1$，所以 $C(\hat{X})=17$，而图 6-11(b)的估计函数值为 38，所以图 6-11(a)比(b)更容易达到目标状态。读者可利用该估计函数对图 6-9 所示重排九宫问题进行求解，并与图 6-10 的解空间树搜索过程进行比较。

6.2.6　最优装载问题

装载问题已在第 5 章详细描述过，其实质是要求第 1 艘船达到最优装载。装载问题是一个子集选取问题，因此其解空间树是一棵子集树。

1. 队列式分支限界法

下面所描述的算法是求解装载问题的队列式分支限界法。该算法只求出所要求的最优值，再进一步讨论求出最优解。算法 MaxLoading 具体实施对解空间树的分支限界搜索。其中，队列 Q 用于存放活节点表，队列 Q 中元素的值表示活节点所对应的当前载重量。当元素的值为-1 时，表示队列已到达解空间树同一层节点的尾部。

算法 EnQueue 将活节点加入活节点队列中。其首先检查 i 是否等于 n，如果 $i=n$，则表示当前活节点为叶节点，由于叶节点不会被进一步扩展，因此不必加入活节点队列中，此时只需检查该叶节点表示的可行解是否优于当前最优解，并适时更新当前最优解；如果 $i<n$，则表示当前活节点是内部节点，应加入活节点队列中。

算法 MaxLoading 在开始时将 i 初始化为 1，*bestw* 初始化为 0，此时活节点队列为空；并将同层节点尾部标志-1 加入活节点队列中，表示此时位于第 1 层节点的尾部；*Ew* 存储当前扩展节点所对应的重量。在 while 循环中，首先检测当前扩展节点的左子节点是否为可行节点，如果是可行节点，则调用 EnQueue 将其加入活节点队列中，然后将其右子节点加入活节点队列中(右子节点一定是可行节点)。2 个子节点都产生后，当前扩展节点被舍弃，而活节点队列中的队首元素被取出作为当前扩展节点。由于活节点队列中每一层节点后都有一个尾部标记-1，故在取队首元素时，活节点队列一定不为空。当取出的元素是-1 时，再判断当前队列是否为空。如果队列不为空，则将尾部标记-1 加入活节点队列中，算法开始处理下一层的活节点。

```
template<class Type>
void EnQueue(Queue<Type> &Q, Type wt,Type&. bestw,int i, int n)
{//将活节点加入活节点队列 Q 中
    if (i== n)
```

```
        {//可行叶节点
            if (wt > bestw) bestw = wt;
        }
        else Q. Add(wt);  //非叶节点
    }
    template< class Type>
    Type MaxLoading(Type w[], Type c, int n)
    {//队列式分支限界法,返回最优载重量
        //初始化
        Queue<Type> Q;  //活节点队列
        Q. Add(-1);  //同层节点尾部标志
        int i= 1;  //当前扩展节点所处的层
        Type Ew = 0.  //扩展节点所对应的载重量
            bestw = 0;  //当前最优载重量
        //搜索子集空间树
        while (true)
        {
            //检查左子节点
            if (Ew + w[i]<= c)  // x[i]= 1
                EnQueue(Q. Ew + w[j]. bestw. i. n);
            //右子节点总是可行的
            EnQueue(Q, Ew, bestw. i, n);  //x[i]= 0
            Q. Delete(Ew);  //取下一扩展节点
            if (Ew == -1)
            {//同层节点尾部
                if (Q IsEmpty()) return bestw;
                Q. Add(-1);  //同层节点尾部标志
                Q. Delete(Ew);  //取下一个扩展节点
                i++;
            }  //进入下一层
        }
    }
```

算法 MaxLoading 的计算时间和空间复杂性均为 $O(2n)$。

1)算法改进

与求解装载问题的回溯法类似,可对上述算法做进一步改进。设 *bestw* 是当前最优解；*Ew* 是当前扩展节点所对应的重量；*r* 是剩余集装箱的重量。当 $Ew+r\leq bestw$ 时,可将其右子树剪去。

算法 MaxLoading 初始时将 *bestw* 置为 0，直到搜索到第一个叶节点时才更新 *bestw*。因此，在算法搜索到第一个叶节点前，总有 *bestw*= 0，r>0，故 $Ew+r>bestw$ 总成立。也就是说，此时右子树测试不起作用。

为了使上述右子树测试尽早生效，应提早更新 *bestw*。我们知道，算法最终找到的最优值是所求问题的子集树中所有可行节点所对应重量的最大值。而节点所对应的重量仅在搜索进入左子树时增加。因此，可在算法每一次进入左子树时更新 *bestw* 的值。由此可对算法做进一步改进。

```
template < class Type >
Type MaxLoading(Type w[], Type c, int n)
{//队列式分支限界法,返回最优载重量
    //初始化
    Queue< Type> Q;  //活节点队列
    Q. Add(-1);  //同层节点尾部标志
    int i=1;  //当前扩展节点所处的层
    Type Ew = 0,  //扩展节点所对应的载重量
        bestw = 0,  //当前最优载重量
        r =0;  //剩余集装箱重量
    for (int j = 2; j<= n; j++)
        r+= w[j];
    //搜索子集空间树
    while (true)
    {
        //检查左子节点
        Type wt= Ew+ w[i];  //左子节点的重量
        if (wt<= c)
        { //可行节点
            if (wt> bestw)  bestw = wt;
            //加入活节点队列
            if (i< n)  Q.Add(wt);
        }
        //检查右子节点
        if (Ew+ r> bestw && i< n)
            Q. Add(Ew);  //可能含最优解
            Q. Delete(Ew);  //取下一个扩展节点
        if (Ew == -1)
        {//同层节点尾部
            if (Q. IsEmpty())  return bestw;
```

```
                Q. Add(-1);  //同层节点尾部标志
                Q. Delete(Ew);  //取下一个扩展节点
                i++;  //进入下一层
                r -= w[i];  //剩余集装箱重量
            }
        }
    }
```

当算法要将一个活节点加入活节点队列时，*wt* 的值不会超过 *bestw*,故不必更新 *bestw*。因此,算法中可直接将该活节点插入活节点队列中,不必动用 EnQueue 来完成插入。

2)构造最优解

为了在算法结束后能方便地构造出与最优值对应的最优解,算法必须存储相应子集树中从活节点到根节点的路径。因此,可在每个节点处设置指向其父节点的指针,并设置左、右子节点标志,与此对应的数据类型由 QNode 表示。

```
template < class Type >
class QNode
{
    friend void EnQueue( Queue < QNode< Type> * > &. Type,
    int, int, Type, QNode< Type> *,QNode< Type> *&, int *,bool);
    friend Type MaxLoading(Type * , Type, int, int * );
    private:
        QNode * parent;  //指向父节点的指针
        bool LChild;  //左子节点标志
        Type weight;  //节点所对应的载重量
};
```

将活节点加入活节点队列中的算法 EnQueue 可做进一步改进。

```
template < class Type >
void EnQueue(Queue < QNode< Type> * > &.Q, Type wt,
    int i, int n, Type bestw, QNode< Type > * E,
    QNode < Type> * &.bestE, int bestx[], bool ch)
{//将活节点加入活节点队列 Q 中
    if (i== n)
    {//可行叶节点
        if (wt == bestw)
        {
            //当前最优载重量
```

```
                bestE = E;
                bestx[n] = ch;
            }
            return;
        }
        //非叶节点
        QNode< Type> * b;
        b= new QNode < Type >;
        b-> weight = wt;
        b-> parent = E;
        b-> LChild = ch;
        Q. Add(b) ;
    }
```

经过改进后,算法可以在搜索子集树的过程中保存当前已构造出的子集树中的路径,从而可以在结束搜索后,从子集树中与最优值对应的节点处向根节点回溯,从而构造出相应的最优解。根据上述思想设计的新的队列式分支限界法可表述如下。算法结束后, *bestx* 中存放算法找到的最优解。

```
    template < class Type >
    Type Maxloading(Type w[], Type c, int n, int bestx[])
    {//队列式分支限界法,返回最优载重量,bestx 返回最优解
        //初始化
        Queue< QNode< Type> * : > Q;   //活节点队列
        Q. Add(0);  //同层节点尾部标志
        inti=1;  //当前扩展节点所处的层
        Type Ew = 0,    //扩展节点所对应的载重量
            bestw = 0,  //当前最优载重量
            r=0;  //剩余集装箱重量
        for (int j = 2; j <= n; j++)
            r += w[i];
        QNode< Type> *E = 0,  //当前扩展节点
            * bestE;  //当前最优扩展节点
        //搜索子集空间树
        while (true)
        {
            //检查左子节点
            Type wt = Ew+ w[i];
```

```
        if (wt<= c)
        {//可行节点
            if (wt > bestw) bestw = wt;
            EnQueue(Q, wt, i, n. bestw, E. bestE, bestx. true);
        }
        //检查右子节点
        if (Ew+ r > bestw)
        EnQueue(Q, Ew, i, n. bestw, E. bestE, bestx. false);
        Q. Delete(E); //取下一个扩展节点
        if (!E)
        {//同层节点尾部
            if (Q. IsEmpty()) break;
            Q. Add(0); //同层节点尾部标志
            Q. Delete(E); //取下一个扩展节点
            i++; //进入下一层
            r-= w[i];
        } //剩余集装箱重量
        Ew=E->weight; //新扩展节点所对应的载重量
    }
    //构造当前最优解
    for(int j=n-1;j>0;j--)
    {
        bestx[j] = bestE-> LChild;
        bestE = bestE-> parent;
    }
    return bestw;
}
```

2. 优先队列式分支限界法

求解装载问题的优先队列式分支限界法采用最大优先队列存储活节点表。活节点 x 在优先队列中的优先级定义为从根节点到节点 x 的路径所对应的载重量与剩余集装箱重量之和。优先队列中优先级最大的活节点成为下一个扩展节点。优先队列中活节点 x 的优先级为 *x.uweight*。以节点 x 为根节点的子树中所有节点对应的路径的载重量不超过 *x.uweight*。子集树中叶节点所对应的载重量与其优先级相同。因此,在优先队列式分支限界法中,一旦有一个叶节点成为当前扩展节点,则可以确定该叶节点所对应的解即为最优解,此时可终止算法。

上述策略可以用两种不同的方式实现。第一种方式是在节点优先队列的每一个活节点中保存从解空间树的根节点到该活节点的路径,在算法确定达到最优值的叶节点时,就在该叶节点处同时得到相应的最优解。第二种方式是在算法的搜索过程中保存当前已构造出的部分解空间树,在算法确定达到最优值的叶节点时,就可以在解空间树中从该叶节点开始向根节点回溯,从而构造出相应的最优解。在下面的算法中采用第二种方式。

算法采用元素类型为 HeapNode 的最大堆表示活节点优先队列。其中, *uweight* 是活节点优先级(上界); *level* 是活节点在子集树中所处的层序号;子集空间树中节点类型为 bbnode。

```
template < class Type > class HeapNode;
class bbnode
{
    friend void AddLiveNode( MaxHeap < HeapNode< int>> &, bbnode * ,int,
bool, int);
    friend int MaxLoading(int * , int, int, int *);
    friend class AdjacencyGraph;
    private:
        bbnode * parent;  //指向父节点的指针
        bool LChild;  //左子节点标志
};
template < class Type >
class HeapNode
{
    friend void AddL iveNode(MaxHeap < HeapNode < Type> > &, bbnode * ,
Type,bool, int);
    friend Type MaxLoading(Type *,Type, int, int * );
    public:
        operator Type () const { return uweight;}
    private:
        bbnode * ptr;  //指向活节点在子集树中对应节点的指针
        Type uweight;  //活节点优先级(上界)
        int level;  //活节点在子集树中所处的层序号
};
```

在求解装载问题的优先队列式分支限界法中,函数 AddLiveNode 将新产生的活节点加入子集树中,并将这个新节点插入表示活节点优先队列的最大堆中。

```
template < class Type >
void AddLiveNode(MaxHeap < HeapNode < Type>> &iI, bbnode * E,Type wt,
bool ch, int level)
{//将活节点加入表示活节点优先队列的最大堆H中
    bbnode * b = new bbnode;
    b-> parent = E;
    b-> LChild = ch;
    HeapNode < Type> N;
    N. uweight = wt;
    N. level = lev;
    N.ptr = b;
    H. Insert(N);
}
```

算法 MaxLoading 具体实施对解空间树的优先队列式分支限界法搜索。第 i+1 层节点的剩余重量 $r[i]$定义为 $r[i]=\sum_{j=i+1}^{n} w[j]$。变量 E 是子集树中的当前扩展节点，Ew 是对应的重量。算法开始时，i=1，Ew=0，子集树的根节点是扩展节点。

算法中的 while 循环产生当前扩展节点的左、右子节点。如果当前扩展节点的左子节点是可行节点，即它所对应的重量未超过船载重量，则将它加入子集树的第 i +1 层，并插入最大堆中。扩展节点的右子节点总是可行的，故直接插入子集树的最大堆中。然后算法从最大堆中取出最大元素作为下一个扩展节点。如果此时不存在下一个扩展节点，则对应的问题无可行解。如果下一个扩展节点是叶节点，即子集树中第 n+1 层节点，则它对应的可行解为最优解。该最优解所对应的路径可由子集树中从该叶节点开始沿节点父指针逐步构造出来。具体算法描述如下：

```
template < class Type >
Type MaxLoading(Type w[], Type c, int n, int bestx[])
{//优先队列式分支限界法，返回最优载重量，bestx 返回最优解
    //定义最大堆的容量为 1000
    MaxHeap < HeapNode < Type> > H(1000);
    //定义剩余重量数组 r
    Type *r= new Type[n+1];
    r[n] = 0;
    for (int j= n-1;j>0;j--)
        r[j]= r[j+1]+ w[j+1];
    //初始化
    Int i=1;  //当前扩展节点所处的层
```

```
        bbnode * E= 0;  //当前扩展节点
        Type Ew= 0;  //扩展节点所对应的载重量
        //搜索子集空间树
        while (i != n+1)
        {//非叶节点
            //检查当前扩展节点的子节点
            if (Ew+ w[i]<= c)
            {//左子节点为可行节点
                AddLiveNode(H, E, Ew + w[i]+r[i], true, i+1);
            }
            //右子节点
            AddLiveNode(H, E, Ew+r[], false, i+1);
            // 取下一个扩展节点
            HeapNode < Type> N;
            H. DeleteMax(N);  //非空
            i = N. level;
            E= N. ptr;
            Ew = N. uweight- r[i-1];
        }
        //构造当前最优解
        for (int j= n; j> 0; j--)
        {
            bestx[i]= E-> LChild;
            E= E-> parent;
        }
        return Ew;
    }
```

变量 *bestw* 记录当前子集树中可行节点所对应的重量的最大值。当前活节点优先队列中可能包含某些节点的 *uweight* 值小于 *bestw*,以这些节点为根节点的子树中肯定不含最优解。如果不及时将这些节点从优先队列中删去,一方面会耗费优先队列的空间资源,另一方面会增加执行优先队列的插入和删除操作的时间。为了避免产生这些无效活节点,可以在活节点插入优先队列前测试 *uweight* 是否大于 *bestw*。通过测试的活节点才插入优先队列中,这样做可以避免产生一部分无效活节点。然而,随着 *bestw* 不断增加,插入时有效的活节点,可能变成无效活节点。为了及时删除由于 *bestw* 的增加而产生的无效活节点,即使 *uweight*<*bestw* 的活节点,要求优先队列除支持 Insert, DeleteMax 运算外,还支持 DeleteMin 运算。这样的优先队列称为双端优先队列,有多种数据结构可有效实现双端优先队列。

本章小结

与回溯法相比,采用分支限界法求解问题既会带来机遇也会带来挑战,需要确定如何选择节点的生成顺序以及如何得到一个好的边界函数。虽然我们前面使用的最佳优先法则是一种明智的方法,但它求解的速度可能会比其他策略更快,也可能不会。(计算机科学有一个分支,称为人工智能,它特别关心生成状态空间树的不同策略。)

发现一个好的边界函数通常并不容易。一方面,我们希望这个函数容易计算。但另一方面,这个函数又不能过于简单,否则它无法完成它的主要使命,即尽可能地剪裁状态空间树的分支。我们可能需要对所讨论问题的各种实例进行大量实验,才能在这两个存在矛盾的需求之间达成适当的平衡。

回溯法的求解目标是找出解空间中满足约束条件的所有解,而分支限界法的求解目标则是找出满足约束条件的一个解,或是从满足约束条件的解中找出使某一目标函数值达到极大值或极小值的解,即在某种意义下的最优解。另外,回溯法以深度优先的方式搜索解空间,而分支限界法则以广度优先的方式或最小耗费优先的方式搜索解空间。

分支限界法的搜索策略是在当前节点(扩展节点)处,先生成其所有的子节点(分支),然后再从当前的活节点(当前节点的子节点)表中选择下一个扩展节点。为了有效地选择下一个扩展节点,加速搜索的进程,在每一个活节点处计算一个函数值(限界),并根据该函数值从当前活节点表中选择一个最有利的节点作为扩展节点,使搜索朝着解空间上有最优解的分支推进,以便尽快找出一个最优解。分支限界法解决了大量离散最优化的问题。

分支限界法有队列式分支限界法和优先队列式分支限界法两种。队列式分支限界法是将活节点表组织成一个队列,并按队列的先进先出原则选取下一个节点为当前扩展节点。优先队列式分支限界法是将活节点表组织成一个优先队列,并按优先队列中规定的节点优先级选取优先级最高的下一个节点为当前扩展节点。如果选择这种选择方式,通常将数据排成最大堆或者最小堆来实现。

经典面试题及案例分析习题

Part 4 回溯和分支限界(共 18 题,其中前 9 题和大厂原题为必做题)

[Part 4 回溯和分支限界]二维码

上机练习

上机实验四 回溯和分支限界–题解

- 目的:

[上机实验四]二维码

- 理解分支限界法的基本思想；
- 熟练掌握使用分支限界法进行算法设计的基本步骤和技巧；
- 掌握分支限界法递归原理；
- 应用分支限界法解决实际问题。

□ 要求：

- 分支限界法的算法框架实现；
- 优先队列式分支限界法的数据结构实现。

□ 准备：

- 预习实验内容的问题背景；
- 提前设计解决实验题目的算法。

□ 内容：

- 五题必须全部完成。

分支限界法在实际生活中应用较广，如边远乡村邮递业务路线的优化设计；就医以及公共设施，老人、儿童、军人的优先级最高，体现了我国的人文关怀。

第 7 章　随机化算法

教学目标：

通过本章的学习，理解随机化算法的基本思想和方法；熟悉典型的随机化算法能够解决的问题；理解随机化算法和确定性算法的区别。

本章要点【在学会的前面打钩】：

□　近似算法的基本概念

□　近似算法的性能分析

□　随机数的思想

□　数值随机化算法的设计思想

□　舍伍德算法的设计思想

□　蒙特卡罗算法的设计思想

7.1 近似算法的基本概念

很多实际应用问题都是 NP 完全问题,这类问题很可能不存在多项式时间算法。一般来说,NP 完全问题可采用以下方式处理:如果问题的输入规模较小,则可以利用搜索策略在指数时间内求解问题;如果问题的输入规模较大,既可以利用随机算法在多项式时间内"高概率"地精确求解问题,也可以考虑在多项式时间内求得问题的一个"近似解"。

近似算法是指能够在多项式时间内给出优化问题的近似优化解的算法,近似算法不仅可用于近似求解 NP 完全问题,也可用于近似求解复杂度较高的 P 问题。

7.2 近似算法的性能分析

近似算法的性能分析包括时间复杂度分析、空间复杂度分析和近似精度分析,其中时间(空间)复杂度的分析与精确复杂度相同。

近似精度分析是近似算法特有的,主要用于刻画近似算法给出的近似解相比于问题优化解的优劣程度。目前,有三种刻画近似精度的度量,即近似比、相对误差界和 $1+\varepsilon$ 近似。

近似比(性能比):设 A 是一个优化问题的近似算法,如果 $\max\{C/C^*, C^*/C\}\leqslant p(n)$,则 A 具有近似比(ratio bound)$p(n)$。其中,n 是问题输入规模大小,C 是 A 产生解的代价,C^*是优化解的代价。近似算法的性能比不会小于 1,一个能求得精准最优解的算法性能比为 1,一般情况下性能比大于 1。近似算法的性能比越大,它求得的近似最优解越差。

相对误差:对于任意输入,近似算法的相对误差定义为$|C-C^*|/C^*$,其中 C 是近似解的代价,C^*是优化解的代价。

相对误差界:对于近似算法,如果$|C-C^*|/C^*\leqslant\varepsilon(n)$,则其相对误差界为 $\varepsilon(n)$。近似算法的性能比 $p(n)$与相对误差界 $\varepsilon(n)$之间有如下关系:$\varepsilon(n)\leqslant p(n)-1$。

近似模式:一个优化问题的近似模式是一个以问题实例 I 和 $\varepsilon>0$ 为输入的算法。对于任意固定的 ε,近似模式是一个$(1+\varepsilon)$的近似算法。如果对于任意 $\varepsilon>0$, $A(I, \varepsilon)$的运行时间是$|I|$的多项式,则近似模式 $A(I, \varepsilon)$称为一个多项式时间近似模式。如果近似模式的运行时间是关于 I/ε 和输入实例大小 n 的多项式,则近似模式称为完全多项式时间近似模式。

7.3 随机数

随机数在随机化算法设计中扮演着十分重要的角色。由于在计算机上无法产生真正的随机数,因此在随机化算法中使用的随机数在一定程度上都是随机的,即伪随机数。

线性同余法是产生伪随机数的最常用方法。由线性同余法产生的随机序列 a_0, a_1,…, a_n 满足:

$$\begin{cases} a_0 = d \\ a_n = (ba_{n-1} + c) \bmod m \quad n = 1, 2, \cdots \end{cases}$$

其中，$b \geqslant 0$，$c \geqslant 0$，$d \leqslant m$，则 d 称为该随机序列的种子。

如何选取该方法中的常数 b、c 和 m 直接关系到所产生的随机序列的随机性能。这是随机性理论研究的内容，已超出本书讨论的范围。直观来看，m 应取得充分大，因此可取 m 为机器大数。另外，应取 $\gcd(m, b)=1$，因此可取 b 为一素数。

7.4 数值随机化算法

数值随机化算法常用于数值问题的求解，其得到的往往是近似解，且近似解的精度随计算时间的增加而不断提高。在许多情况下，要计算出问题的精确解是不可能或没有必要的，因此用数值随机化算法可以得到相当满意的解。

下面用一个实例来说明随机数的应用场景。

例 7-1 计算定积分。

设 $f(x)$ 是 $[0, 1]$ 上的连续函数，且 $0 \leqslant f(x) \leqslant 1$。需要计算的积分为 $I=\int_0^1 f(x)\mathrm{d}x$，积分 I 等于图 7-1 中的面积 G。

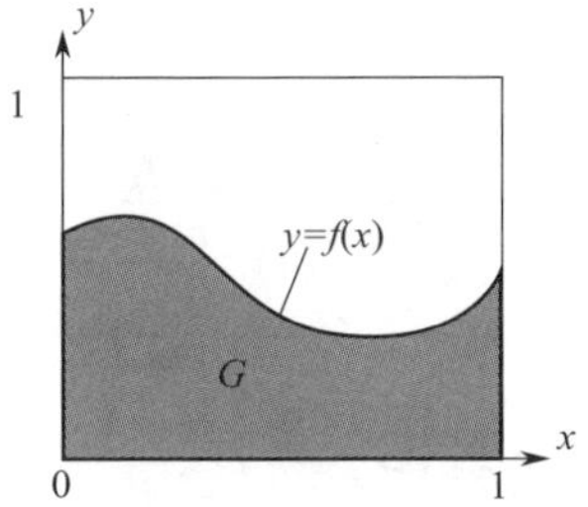

图 7-1 求解 $f(x)$ 从 0 到 1 的积分的辅助图形

在图 7-1 所示的单位正方形内均匀地做投点实验，则随机点落在曲线下面的概率为

$$P\{y \leqslant f(x)\}=\int_0^1\int_0^{f(x)} \mathrm{d}y\mathrm{d}x=\int_0^1 f(x)\mathrm{d}x$$

假设向单位正方形内随机地投入 n 个点 (x_i, y_i)，如果有 m 个点落入 G 内，则随机点落入 G 内的概率 $I \approx \dfrac{m}{n}$。

例 7-2 解非线性方程组。

解非线性方程组的思路是构造一个目标函数，目标函数的极小值点即为所求非线性方程组的一组解。

例如，求解下面的非线性方程组：

$$\begin{cases} f_1(x_1, x_2, \cdots, x_n)=0 \\ f_2(x_1, x_2, \cdots, x_n)=0 \\ \quad\cdots\cdots \\ f_n(x_1, x_2, \cdots, x_n)=0 \end{cases}$$

其中，$x_1, x_2, \cdots, x_n$ 是实变量；f_i 是未知量 $x_1, x_2, \cdots, x_n$ 的非线性实函数。要求确定上述方程组

在指定求根范围内的一组解 $x_1^*, x_2^*, \cdots, x_n^*$。

在指定求根区域 D 内，选定一个随机点 x_0 作为随机搜索的出发点；在算法的搜索过程中，假设第 j 步随机搜索得到的随机搜索点为 x_j；在第 j+1 步，计算出下一步的随机搜索增量 Δx_j；从当前点 x_j 依 Δx_j 得到第 j+1 步的随机搜索点；当 $x<\varepsilon$ 时，取为所求非线性方程组的近似解；否则，进行下一步新的随机搜索过程。

7.5 舍伍德(Sherwood)算法

设 A 是一个确定性算法，当它的输入实例为 x 时，所需的计算时间记为 $t_A(x)$。设 X_n 是算法 A 的输入规模为 n 时实例的全体，则当问题的输入规模为 n 时，算法 A 所需的平均时间为

$$\overline{t_A}(n) = \sum_{x\in X_n} t_A(x)/|X_n|$$

这显然不能排除存在 $x\in X_n$ 使 $t_A(x) >> \overline{t_A}(n)$ 的可能性。希望获得一个随机化算法 B，使得对问题的输入规模为 n 的每一个实例均有

$$t_B(x) = \overline{t_A}(n) + s(n)$$

这就是舍伍德算法设计的基本思想。

当 $s(n)$ 与 $t_A(n)$ 相比可以忽略时，舍伍德算法可获得很好的平均性能。学过的舍伍德算法有线性时间选择算法和快速排序算法。

7.6 蒙特卡罗(Monte Carlo)算法

在实际应用中常会遇到一些问题，不论采用确定性算法还是随机化算法都无法保证每次都能得到正确的解。蒙特卡罗算法则可以在一般情况下保证对问题的所有实例都高概率地给出正确解，但是通常无法判定一个具体解是否正确。

对于一个一致的 p 正确的蒙特卡罗算法，要提高获得正确解的概率，只要执行该算法若干次，并选择出现频次最高的解即可。

如果重复调用一个一致的（1/2+ ε）正确的蒙特卡罗算法 $2m-1$ 次，得到正确解的概率至少为 $1-\delta$，其中

$$\delta = \frac{1}{2} - \varepsilon\sum_{i=0}^{m-1}\binom{2i}{i}\left(\frac{1}{4}-\varepsilon^2\right)^i \leqslant \frac{(1-4\varepsilon^2)^m}{4\varepsilon\sqrt{\pi m}}$$

对于一个求解所给问题的蒙特卡罗算法 $MC(x)$，如果存在问题实例的子集 X 使得：

（1）当 $x\notin X$ 时，$MC(x)$ 返回的解是正确的；

（2）当 $x\in X$ 时，正确解是 y_0，但 $MC(x)$ 返回的解未必是 y_0；

则称上述算法 $MC(x)$ 是偏 y_0 的算法。

如果重复调用一个一致的 p 正确的偏 y_0 的蒙特卡罗算法 k 次，可得到一个 $O(1-(1-p)k)$ 正确的蒙特卡罗算法，且所得算法仍是一个一致的偏 y_0 的蒙特卡罗算法。